靠谱的互联网教育

互联网 UI 设计师

北京课工场教育科技有限公司　编著

移动端 UI 商业项目实战

——让人爱不释手的移动端 UI 设计

内 容 提 要

本教材针对具有Photoshop基础的人群，以真实的移动端商业应用项目为实训任务，从业务需求分析、移动端UI/UE设计流程、效果图设计、设计图标注到切片全面剖析、展现企业实际的移动端UI设计开发流程、真实业务和设计技巧，训练移动端UI设计的三大能力。

相对市面上的同类教材，本套教材最大的特色是，提供各种配套的学习资源和支持服务，包括：视频教程、案例素材下载、学习交流社区、作业提交批改系统、QQ群讨论组等，请访问课工场UI/UE学院：kgc.cn/uiue。

图书在版编目（ＣＩＰ）数据

移动端UI商业项目实战 ： 让人爱不释手的移动端UI设计 / 北京课工场教育科技有限公司编著. -- 北京 ： 中国水利水电出版社, 2016.3（2023.7重印）
（互联网UI设计师）
ISBN 978-7-5170-4169-6

Ⅰ. ①移… Ⅱ. ①北… Ⅲ. ①移动终端－应用程序－程序设计 Ⅳ. ①TN929.53

中国版本图书馆CIP数据核字(2016)第045609号

策划编辑：祝智敏　责任编辑：张玉玲　加工编辑：封　裕　封面设计：梁　燕

书　　名	互联网UI设计师 **移动端UI商业项目实战——让人爱不释手的移动端UI设计**
作　　者	北京课工场教育科技有限公司　编著
出版发行	中国水利水电出版社 （北京市海淀区玉渊潭南路 1 号 D 座 100038） 网　址：www.waterpub.com.cn E-mail：mchannel@263.net（答疑） sales@mwr.gov.cn 电　话：（010）68545888（营销中心）、82562819（组稿）
经　　售	北京科水图书销售有限公司 电话：（010）68545874、63202643 全国各地新华书店和相关出版物销售网点
排　　版	北京万水电子信息有限公司
印　　刷	雅迪云印（天津）科技有限公司
规　　格	184mm×260mm　16 开本　15.75 印张　343 千字
版　　次	2016 年 3 月第 1 版　2023 年 7 月第 5 次印刷
印　　数	11001—13000 册
定　　价	58.00 元

HTML5界面

课工场App分类界面

刀塔传奇 英雄列表界面

案例欣赏

刀塔传奇 英雄详情界面

课工场App侧边栏界面

蘑菇街App买买买界面

案例欣赏

课工场App首页界面

蘑菇街App闪屏界面

蘑菇街App首页界面

案例欣赏

南丰鼎轩Pad界面（1）

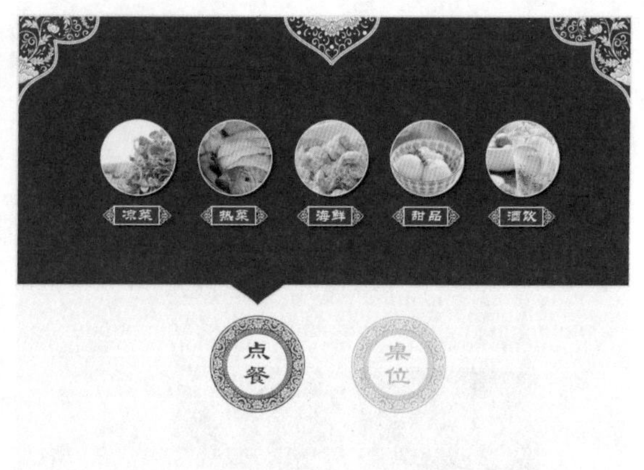

南丰鼎轩Pad界面（2）

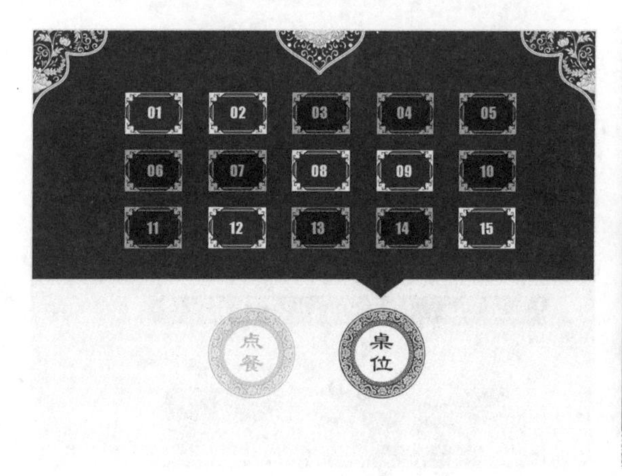

南丰鼎轩Pad界面（3）

南丰鼎轩Pad界面（4）

南丰鼎轩Pad界面（5）

一号药店App首页界面

案例欣赏

一号药店App书架界面

一号药店App启动图标

课工场图标改版

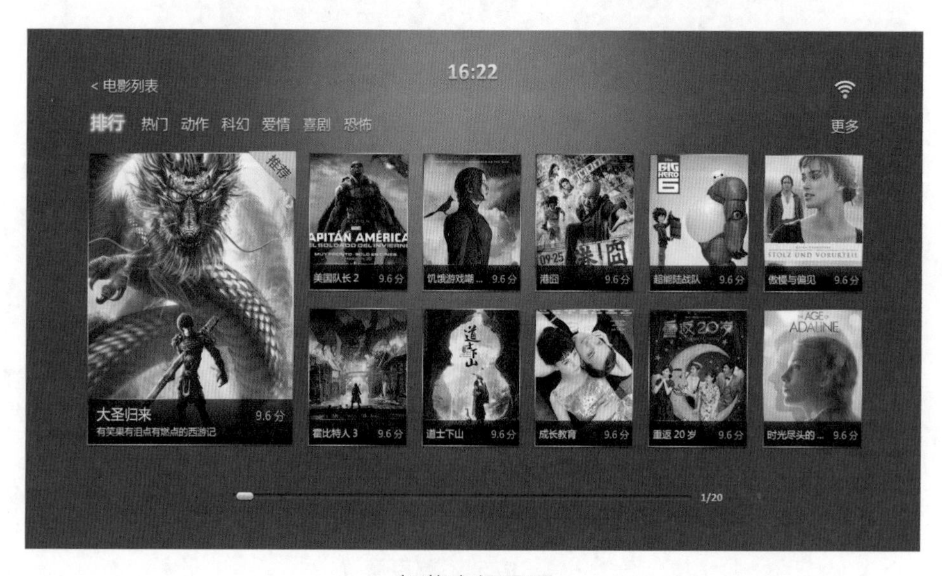

智能电视界面

互联网UI设计师系列
编　委　会

前言

随着移动互联技术的飞速发展，“互联网+”时代已经悄然到来，这自然催生了各行业、企业对UI设计人才的大量需求。与传统美工、设计人员相比，新“互联网+”时代对UI设计师提出了更高的要求，传统美工、设计人员已无法胜任。在这样的大环境下，这套“互联网UI设计师”系列教材应运而生，它旨在帮助读者朋友快速成长为符合“互联网+”时代企业需求的优秀UI设计师。

这套教材是由课工场（kgc.cn）的UI/UE教研团队研发的。课工场是北大青鸟集团下属企业北京课工场教育科技有限公司推出的互联网教育平台，专注于互联网企业各岗位人才的培养。平台汇聚了数百位来自知名培训机构、高校的顶级名师和互联网企业的行业专家，面向大学生以及需要“充电”的在职人员，针对与互联网相关的产品、设计、开发、运维、推广和运营等岗位，提供在线的直播和录播课程，并通过遍及全国的几十家线下服务中心提供现场面授以及多种形式的教学服务，且同步研发出版最新的课程教材。

课工场为培养互联网UI设计人才设立了UI/UE设计学院及线下服务中心，提供各种学习资源和支持，包括：

- 现场面授课程
- 在线直播课程
- 录播视频课程
- 案例素材下载
- 学习交流社区
- 作业提交批改系统
- QQ讨论组（技术、就业、生活）

扫一扫 关注课工场公众号
关注微信 立送20K币
可购买收费课程

课工场APP客户端下载
产品/设计/开发/运维/运营
随时随地随心学

以上所有资源请访问课工场UI/UE学院：kgc.cn/uiue。

■ 本套教材特点

（1）课程高端、实用——拒绝培养传统美工。

- 培养符合“互联网+”时代需求的高端UI设计人才，包括移动UI设计师、网页UI设计师、平面UI设计师。
- 除UI设计师所必须具备的技能外，本课程还涵盖网络营销推广内容，包括：网络营销基本常识、符合SEO标准的网站设计、Landing Page设计优化、营销型企业网站设计等。
- 注重培养产品意识和用户体验意识，包括电商网站设计、店铺设计、用户体验、交互设计等。
- 学习W3C相关标准和设计规范，包括HTML5/CSS3、移动端Android/iOS相关设计规范等内容。

（2）真实商业项目驱动——行业知识、专业设计一个也不能少。

- 与知名4A公司合作，设计开发项目课程。
- 几十个实训项目，涵盖电商、金融、教育、旅游、游戏等行业。
- 不仅注重商业项目实训的流程和规范，还传递行业知识和业务需求。

（3）更时尚的二维码学习体验——传统纸质教材学习方式的革命。

- 每章提供二维码扫描，可以直接观看相关视频讲解和案例效果。
- 课工场UI/UE学院（kgc.cn）开辟教材配套版块，提供素材下载、学习社区等丰富的在线学习资源。

■ 读者对象

（1）初学者：本套教材将帮助你快速进入互联网UI设计行业，从零开始，逐步成长为专业UI设计师。

（2）设计师：本套教材将带你进行全面、系统的互联网UI设计学习，传递最全面、科学的设计理论，提供实用的设计技巧和项目经验，帮助你向互联网方向迅速转型，拓宽设计业务范围。

课工场出品（kgc.cn）

课程设计说明

本课程目标

学员学完本书后，能够掌握电商、教育、医疗、游戏、餐饮等领域的手机界面设计，熟悉Android系统和iOS系统的手机界面和图标设计规范，并能按照企业需求熟练应用Photoshop软件设计制作出精美的手机界面效果。

训练技能

- 了解手机App的制作流程，掌握Android系统和iOS系统的界面和图标设计规范。
- 了解双系统下的界面布局方式，熟悉两者的差异，学会使用Photoshop软件设计兼顾双系统的手机界面和图标。
- 掌握如何对手机界面进行切图和标注。
- 了解各行业App在设计上的特点及设计原理。
- 分析并运用Photoshop软件设计制作出各类优秀的手机界面效果。

本课程设计思路

本课程共9章，具体内容安排如下：

- 第1章：了解实际企业中App设计的基本流程及在实际项目中UI设计师前期需要确定的内容，罗列手机界面设计的常用尺寸、术语概念和标准。
- 第2章至第7章：手机界面设计规范和精选界面设计案例解析。通过对各个行业手机界面的特点分析，以及Android系统和iOS系统手机App界面、图标设计规范的知识点罗列，运用Photoshop软件设计制作出优秀的手机界面效果，包括电商类、教育类、医疗类、游戏类手机App界面设计。
- 第8章：平板电脑界面设计和餐饮类界面设计案例解析。通过对餐饮类Pad端界面的特点分析，研究双系统下Pad界面设计上的差异，运用Photoshop软件制作出优秀的平板电脑界面效果。
- 第9章：强调规范的重要性及设计的流行趋势。随着时间的推移，规范并不是固定不变的，本章通过分析设计风格的历史演变过程，强调设计师要紧跟时代潮流，在符合项目需求的前提下制作符合时代背景和情怀的优秀界面。

教材章节导读

- 本章目标：本章学习的目标，可以作为检验学习效果的标准。
- 本章简介：学习本章内容的原因和对本章内容的简介。
- 项目需求：针对本章项目的需求描述。
- 相关理论知识：针对本章项目涉及的相关行业技能的理论分析和讲解。
- 本章总结：针对本章内容或相关设计技巧的概括和总结。

教学资源

- 学习交流社区
- 案例素材下载
- 作业讨论区
- 相关视频教程
- 学习讨论群（搜索QQ群：课工场-UI/UE设计群）

详见课工场UI/UE学院：kgc.cn/uiue（教材版块）。

关于引用作品的版权声明

为了方便学校课堂教学，促进知识传播，使学员学习优秀作品，本教材选用了一些知名网站、公司企业的相关内容，包括：企业Logo、宣传图片、手机App界面及图标设计、网站设计等。为了尊重这些内容所有者的权利，特在此声明，凡在本教材中涉及的版权、著作权、商标权等权益均属于原作品版权人、著作权人、商品权人。

为了维护原作品相关权益人的权益，现对本教材中选用的主要作品的出处给予说明（排名不分先后）。

序号	选用的网站、作品、手机App或Logo	版权归属
01	蘑菇街	杭州卷瓜网络有限公司（蘑菇街）
02	课工场	北京课工场教育科技有限公司
03	刀塔传奇	莉莉丝科技（上海）有限公司、北京清龙图网络技术有限公司

由于篇幅有限，以上列表中可能并未全部列出所选用的作品。在此，衷心感谢所有原作品的相关版权权益人及所属公司对职业教育的大力支持！

2016年3月

目录

第1章 1 移动端App设计——写在设计之前

第2章 13 蘑菇街项目——电商类Android手机App设计（一）

特色市场
品牌
红人Bazaar
心水好货
XL
海淘
轻时髦
享瘦
海淘馆
限时快抢
超值9.9
全部商品
蘑菇街

TAX
快时尚
上衣
裙子
裤子
内衣
鞋子
男装
包包
配饰

第 5 章 课工场项目——教育类iOS手机App设计（二）

93

第 6 章 1号药店项目——医疗类手机App设计

刀塔传奇项目——游戏类手机App设计

第 8 章 南丰鼎轩项目——餐饮类Pad端App设计

第 9 章 移动端App设计——写在设计之后

第1章

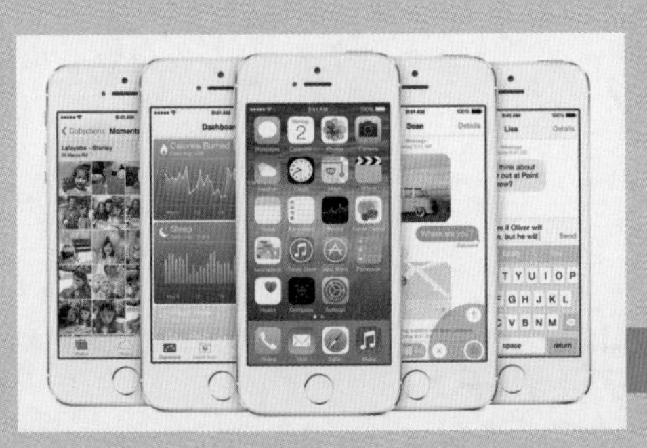

移动端App设计——写在设计之前

● 本章目标

完成本章内容以后，您将：

- 了解实际企业中App设计的基本流程。
- 了解实际项目中UI设计师前期需要确定的内容。
- 掌握移动UI三大操作系统。
- 熟知与尺寸相关的术语概念和标准。

● 本章素材下载

- 请访问课工场UI/UE学院：kgc.cn/uiue（教材版块）下载本章需要的案例素材。

本章简介

移动端 UI 设计师不能像艺术家那么随性只管倾述自己的内心世界并充分展示个性，而不考虑观者的感受，因为 UI 设计师设计的产品是供人们使用的，关乎每个使用者的感受。一个有效的用户界面关注的是用户目标的实现，包括视觉元素与功能操作在内的所有东西都需要完整一致。

本章主要讲解实际企业中 App 设计的基本流程、实际项目中 UI 设计师前期需要确定的内容、移动端 UI 设计的相关术语概念等基本知识，涵盖了从需求到上线的经过的流程，为以后的移动端界面设计工作打下坚实的基础。

理 论 讲 解

随着互联网时代的高速发展，以及智能手机和 iPad 等移动终端设备的广泛普及，人们逐渐习惯了使用 App 客户端上网的方式，这也代表了智能生活时代的来临，人们的工作、生活都在迅猛地进入智能化。手机 App 拥有强劲的发展势头，人们的工作生活越来越离不开 App，越来越多的企业认识到 App 的作用，也纷纷打响智能化开发战。随着移动互联网进入普及期，企业除了拥有 PC 终端的产品和互联网的网页端产品之外，智能手机端的 App 已经成为发展趋势。

随着 App 不断地被开发设计，人们对它的要求也逐步提高，用户不止看重其功能的实用性，更需要 UI 能提升用户体验性：在操作中享受软件带来的方便之余还能体验其美观性带来的愉悦感。正所谓“人靠衣装，佛靠金装”，没有友好美观的界面，就难以得到用户的垂青。一款 App 的成功不仅在于其功能的强大，界面设计也占了其成功因素的半壁江山。

作为一名优秀的 UI 设计师，如何才能创造出更美、更实用的 App 界面是一件迫在眉睫的事情。App 的应用开发，要么不断创新，要么被时代淘汰。一个优秀的 UI 设计，不仅能提供简单、行之有效的功能，还要带给用户方便、流畅的体验。

本系列教材采用真实的企业案例，整合当下最新的企业资料、行业资讯、流行趋势和设计技巧，并对其进行详细的分析和讲解。建议读者在学习的时候，不要只关注 Photoshop 的操作技巧，更要将更多的精力放在如何进行项目分析、目标人群特征分析、需求分析和视觉风格的确立上。下面将针对设计中需要注意的事情进行讲解。

1.1 实际企业中 App 设计的基本流程

在企业中设计并制作一款 App 的工作流程如图 1.1 所示。

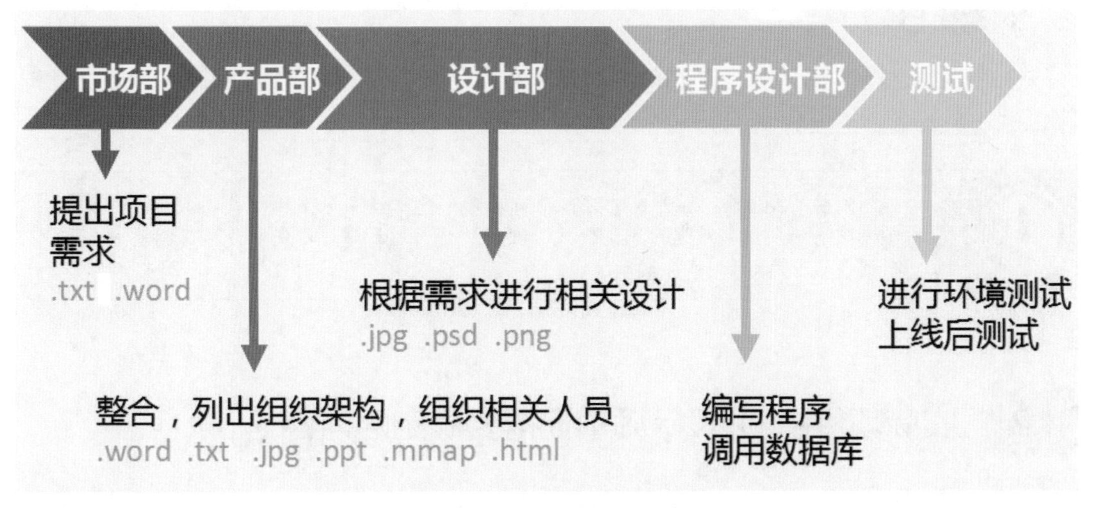

图 1.1　App 的制作流程

1. 市场部提出项目需求

市场部分析企业产品的市场情况，开展市场调研，编制市场可行性报告。根据实际情况提出最原始的项目需求，也就是 App 最开始的一个想法，如果将其比喻成人的身体的话，这个阶段只是勾勒了人的“骨骼”部分。

2. 产品部沟通及策划

产品部根据市场调研情况与企业沟通，策划 App 开发及运营方案。期间需要根据市场部提出的项目需求逐步完善，步步深入，不断补充 App 的内容和细节、使用方法及界面布局，一点点勾勒出“肌肉和神经”。随后产品部将向设计部和程序设计部提出具体的需求，通常情况下会召开一个多部门的会议，对项目需求和目标人群进行详细的讲解，并对产品如何运作、界面的大体布局进行大致的说明和讲解。

3. 设计部设计制作

设计部拿到产品部提供的原型图后，根据相关需求设计出符合企业文化、产品特色、用户审美的精致美观且交互性良好的 App 界面。设计流程是先大致设计出主题风格（此时可以只是一张视觉概念稿，将大致的视觉风格进行概念性的描述），待到整体风格确立无误之后再进行所有页面的设计和绘制工作，此阶段是描绘人的“皮肤和毛发”。

4. 程序设计部实现设计功能

程序设计部实现设计方案中 App 的所有功能，并进行严格的系统测试。程序开发人员会根据产品部提供的需求进行程序编写，根据设计师提供的设计稿进行完善和补充，这就像是在启动人的“心脏”。在高保真模型制作完毕之后，再在模拟真实的环境下进行产品测试。

5. 测试上线

在产品经过多次测试、修改 bug 并确认无误后，一个 App 制作项目就完成了，此时可以进入个大市场，投放使用。

完整的App设计和开发流程：项目启动→建立产品原型→形成效果图→进入研发阶段→研发成功后进入测试阶段→测试后将问题反馈给研发人员进行调整→多次测试确认没有bug→产品发布上线。

1.2 实际项目中 UI 设计师前期需要确定的内容

一位有着多年经验的优秀 UI 设计师会在实际项目开发前确认好很多相关事宜，例如具体的项目负责人、关键的时间点、程序接口等。不要小看这些事情，如果前期工作沟通良好，将会大大提高设计师的工作效率，减少返工率。

那么，设计师在设计界面之前有哪些事情是需要确定的呢?

1. 相关项目接口人员

设计师最先需要确定的，就是与本部门负责接洽工作的到底是哪些部门，具体到是哪一个程序员、产品经理、测试人员等。如果是与甲方公司合作，那么甲方的实际项目负责人是谁，如果负责工作接洽的是多个甲方人员，那么最好在第一时间确定唯一的负责人。随后还要确立好沟通方式是采用邮件还是 QQ 等聊天工具，保留好相关的项目进程信息。当然，确立项目的关键时间点是尤为重要的，例如原型图交接时间、主视觉确立时间、项目上线时间等。

2. 确立需要提交的文件

在实际项目中，根据公司情况的不同，原型图有时是产品部门来设计制作，有时可能会由设计师自行根据需求来进行设计，所以设计师拿到项目之后，除了确定项目相关人员之外，还要确立是否需要提交原型图等相关材料。绘制什么样子的原型图也需要事先商议好：是否要求手绘、是否要保留原型图、是否要求跳转、是否要出完整的低保真或高保真设计图或者只需要一个大致的视觉风格稿。常见的原型图、线框图如图 1.2 所示。

3. 确立需要提交的稿件尺寸和规格

到底新建多大尺寸的画布和分辨率可能是设计师最先需要考虑的问题之一。很抱歉地说，这里很难给出一个标准的答案，无论是手机端界面尺寸还是印刷品尺寸，每家公司的实际情况都不尽相同，所以在这里要再三强调，拿到项目之后，请务必向公司产品经理或资深的设计师询问需要提交的设计稿的尺寸和规格。

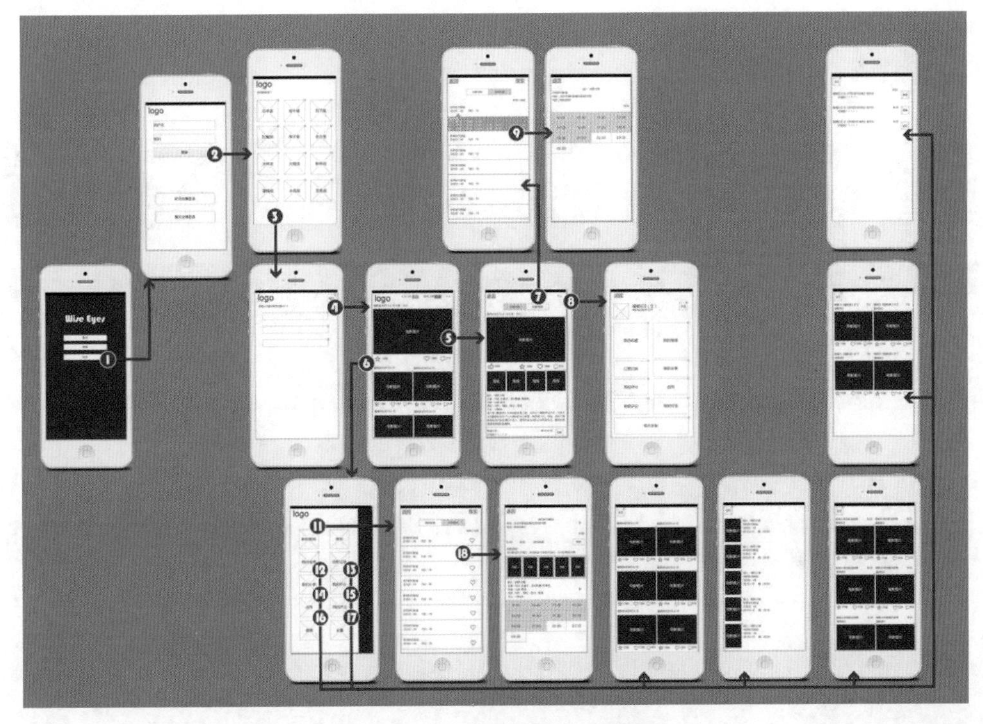

图 1.2　常见的原型图和线框图

如果是设计一款手机 App，那么最先使用何种系统版本为基础，是标准比较严谨、审核比较严格的 iOS 系统，还是设计规范更加宽松、审核相对容易的 Android 系统呢？除了针对手机端之外，还需要兼顾 PC 端的产品吗？是否要考虑横屏、竖屏的适配？是否要印刷？这些都是设计师需要在设计之初考虑的问题。

如果要考虑印刷，那么分辨率一般要求300dpi，或者使用矢量软件或矢量工具进行绘制。

4. 关于切图和标注

是否要对设计稿件进行切图和标注，其标准又采用何种方式也是设计师需要考虑的问题。有些公司如果人员并不充裕，可能需要设计师自己对设计稿进行切图和标注，有时候一些资深的程序员只需要设计师提供 psd 源文件，自己就可以进行切图和标注，并不需要设计师来搞定这些事情。所以在设计之初，还是先征求一下程序员或者其他已经做过相关产品的设计师的意见才比较稳妥。

5. 占位图片的设计与制作

UI 设计师的本职工作是对界面进行设计与制作，但是在实际工作中，除了设计界面之外还有很多其他的设计工作需要进行，那么这些工作到底由谁来负责就需要提前确定下来。常见的占位图片包括：banner、默认用户头像、相关内容图片等。常见的占位图片如图 1.3 所示。

图 1.3 常见的占位图片

现实中，设计师最常应对的事情大概就是随时对设计作品进行更改和重新设计，所以时刻备份就变得尤为重要了。

在本身设计任务已经很繁重、时间安排已经非常紧张的情况下，又有一个工作被派到你的头上，你该怎么办呢？是直接义正言辞地拒绝，还是可以采用更加婉转的方式来解决呢？

这里提供一个稳妥的方法来解决这个棘手的问题。

请不要在第一时间强硬地拒绝。那样做是极不妥当的，对自己的职业发展也是极为不利的。

如果是直属领导或者相关领导加派的任务，那么可以婉转地向领导表述“我手里的工作已经比较满了，您这个设计工作着急吗？与我手上的这个工作比起来，哪个优先级更高呢？”。如果只是其他部门的同级工作人员寻求你的帮助，那么你可以首先征求产品经理的意见，将这个棘手的问题转嫁给对产品时间点控制极为严格的产品经理来解决，一般来说，产品经理都会从产品开发的关键时间点出发，将临时加塞过来的工作推迟到更次一级的优先级别中，为设计师提供更宽泛的时间来进行产品的设计工作。

1.3 移动 UI 三大操作系统

目前应用在手机上的操作系统主要有 Symbian（中文译为塞班）、Windows Phone（6.5 之前的版本为 Windows Mobile）、Android（中文译为安卓、安致）、iOS（iPhone OS）、Black Berry（中文译为黑莓）、Bada（仅适用于三星）等。Symbian 逐渐没落，Windows Mobile 退出市场，Android、iOS、Windows Phone 被公认是热门的三大手机操作系统，这三大操作系统都有各自的特点。

1.3.1 Android系统界面

Android 一词的本义是指“机器人”，中文名称为“安卓”或“安致”，是一个基于开源代码的 Linux 平台衍生而来的操作系统。它最初由一家小型公司创建，后来被谷歌收购。该平台由操作系统、中间件、用户界面和应用软件组成。它也是当下最流行的一款智能手机操作系统。

Android 的显著特点在于它是一款基于开源代码的操作系统，Android 平台提供给第三方一个十分宽泛、自由的环境，不会受到各种条条框框的阻扰：厂商、开发者、用户可以对界面进行美化，可想而知会有多少新颖别致的软件诞生。Android 操作系统界面如图 1.4 所示。

图 1.4　Android 操作系统界面

1.3.2 iOS系统界面

iOS 系统是由苹果公司开发并应用于 iPhone 手机、iPod touch、iPad 等手持设备的操作系统。相比其他智能手机操作系统，iOS 系统的流畅性、完美的优化及安全性等是其他操作系统所无法比拟的，同时配合苹果公司出色的工业设计，一直以来它都以高端、上档次为代名词。

iOS 系统的界面从最早的拟物化设计开始，到 iOS7 之后秉承的扁平风格，一直都是引领界面设计流行趋势的风向标。它的这种扁平风格不仅体现在界面设计上，也体现在产品的交互与用户体验上。简单、容易上手的操作体验更多的是为了方便用户使用，也是 iPhone 用户群覆盖各个年龄段的原因。iOS 的所有启动图标都位于桌面上，便于查找和操作，同时所有图标都采用同样的尺寸和样式，看起来更加整齐。

但是由于 iOS 系统采用封闭源代码开发，标准规范严格，所以在拓展性上略显逊色。iOS 操作系统界面如图 1.5 所示 。

图 1.5　iOS 操作系统界面

1.3.3　Windows Phone系统界面

Windows Phone（简称 WP）是微软发布的移动操作系统，由于它是一款十分年轻的操作系统，所以 Windows Phone 相比其他操作系统而言有桌面制定、图标拖拽、滑动控制等一系列前卫的操作体验。其主屏幕通过提供类似仪表盘的体验来显示新的电子邮件、短信、未接来电、日历约会等，让人们对重要信息保持时刻更新。它还包括一个增强的触摸屏界面（更方便手指操作和）一个最新版本的 IE Mobile 浏览器。史蒂夫 • 鲍尔默（微软公司前首席执行官兼总裁）表示 ：“全新的 Windows 手机把网络、个人电脑和手机的优势集于一身，让人们可以随时随地享受到想要的体验”。

由于是初入智能手机市场，所以在份额上暂无法和安卓、iOS 相比，但正是因为年轻，所以此款操作系统有很多新奇的功能和操作，同时也是因为源自微软，因此在与 PC 端和 Windows 操作系统的互通性上占有很大的优势。

与 iOS 和 Android 系统不同，WP 的桌面图标更加凸显信息的展示，桌面上的大方块图标是它的招牌设计（活动磁片），它可以动态地显示软件的更新信息，例如人脉（通讯录）可以滚动显示联系人的头像，如果开启 Fox News 特性可以推送最新新闻，这样设计可以让用户在第一时间了解应用的动态。当然，WP 界面也有其局限性 ：对文件夹管理支持不完美、主界面图标占用空间过大。 Windows Phone 操作系统界面如图 1.6 所示。

图 1.6　Windows Phone 操作系统界面

1.4　与尺寸相关的术语概念和标准

大家都知道移动端设备屏幕尺寸非常多，碎片化严重，尤其是 Android 系统的移动设备，你会听到很多种分辨率：480*800 像素、480*854 像素、540*960 像素、720*1280 像素、1080*1920 像素，而且还有传说中的 2k 屏。近年来 iPhone 的碎片化也加剧了：640*960 像素、640*1136 像素、750*1334 像素、1242*2208 像素。

2k分辨率指的是屏幕分辨率达到了一种级别，屏幕横向像素达到2000以上，是国内数字影院的主流放映分辨率。2k分辨率有多种类别，最常见的影院2k是指2048*1152像素。中国品牌vivo智能手机在2013年推出世界上第一款分辨率达到2k级别的手机，其分辨率为Quad HD的2560*1440像素，高于通常意义上的2k（2048*1152像素），是HD屏幕分辨率的四倍，是2013年度其他旗舰手机1080p屏幕的1.8倍。最新一代低温多晶硅工艺的2k屏幕不但具有高分辨率、高色彩饱和度、成本低廉的特点，还可降低电力消耗。

HD：通常把物理分辨率达到720p以上的格式称为高清，英文表述为High Definition，简称HD。

Quad HD：一种显示分辨率，分辨率为2560*1440，是普通HD（1280*720）宽高的各两倍，即面积的四倍。

不要被这些尺寸吓倒。实际上大部分的 App 和移动端网页，在各种尺寸的屏幕上都能正常显示。这说明尺寸的适配问题有很好的解决方法，而且有规律可循。

1.4.1　屏幕尺寸

屏幕的物理尺寸以屏幕的对角线长度为依据，并且以英寸为单位。现今主流的手机屏幕尺寸主要有 3.5 英寸、4.0 英寸、4.7 英寸、5.0 英寸，更大的有 6.0 英寸、7.0 英寸等，而平板电脑常见的屏幕尺寸有 7.0 英寸、8.0 英寸、9.7 英寸、10.1 英寸等。

英寸：是英国标准长度单位，1英寸≈2.54厘米；寸是中国特有的长度单位，3寸=10厘米，1寸≈3.33厘米。

1.4.2 分辨率

分辨率是指显示器所能显示的像素数量，直接决定了图像的精细程度。像素越高画面就越精细，分辨率就越高。

可以将图像想象成一个棋盘，每一个格子就是一个像素，每个像素只能包含一种颜色，成千上万不同颜色的格子组合起来就能表现出色彩过渡细腻、逼真的图像。现在某些平板电脑的屏幕分辨率已经高达 2048*1536 像素，号称已经超出了人眼的观察极限，这类设备的屏幕相当清晰。不同分辨率的显示效果如图 1.7 所示。

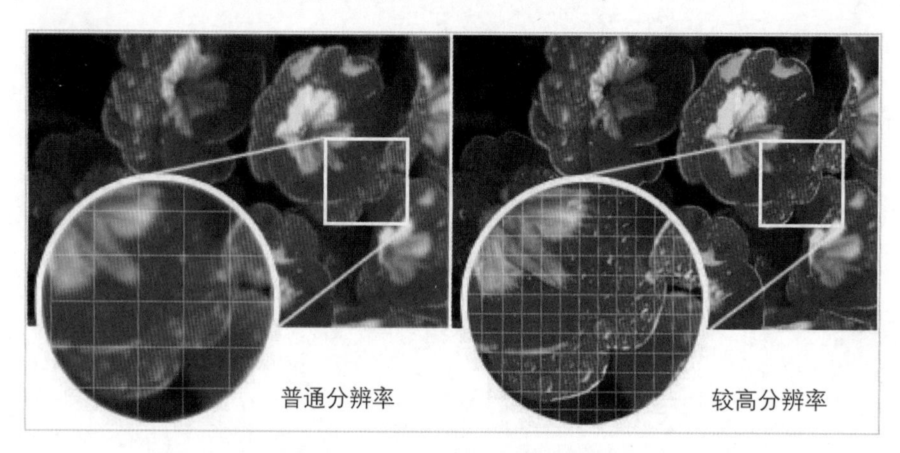

图 1.7　不同分辨率的显示效果

需要强调的是，网页端界面、手机界面和 Pad 界面设计时分辨率只需要达到 72 像素即可，印刷品要求分辨率至少在 300 像素以上，喷绘的分辨率大致在 120 ~ 150 像素左右。在实际的项目制作中，需要设计师提前与产品经理商议手机界面和图标是否要考虑后期宣传品的印刷，如果需要，则要新建分辨率为 300 像素的画布或者使用矢量软件或工具进行绘制。

1.4.3 实用软件

Adobe Photoshop 是手机端界面设计的主要实用工具。对于图片修整、界面视觉表达、广告展位图片、图标图形的制作都非常方便。与平面设计和网页端设计不同的是，手机端界面在设计与制作时更强调多终端、多尺寸、多方向上的适配，所以钢笔工具和矢量图形工具是经常被使用的工具，形状之间的合并、剪切等操作也是设计师必备的技能，如图 1.8 所示。

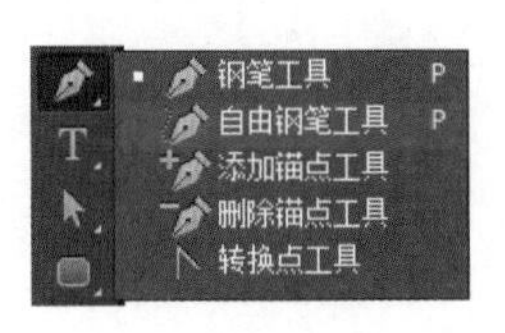

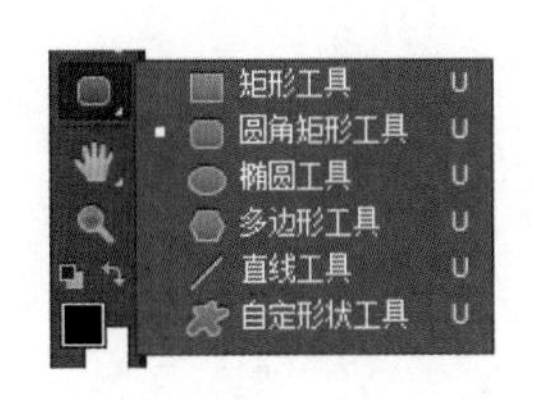

图 1.8 Photoshop 中的钢笔工具、形状工具和路径操作

Adobe Illustrator 同样是 Adobe 家族中的重要成员，也是制作图标的首选工具之一。对于总要考虑多尺寸下适配问题的手机端界面和图标，矢量软件是非常不错的选择。

Axure RP Pro 是绘制产品原型的工具之一，也是目前在企业中最常被用到的原型绘制工具。它可以自动生成带用户交互、带跳转的页面，对于产品展示、罗列产品结构、更详细地阐述产品任务流有着非常大的优势。

市面上也有不少其他的设计软件，包括界面设计、产品原型绘制方面等。有些软件对于某个特定领域的设计有着独到之处，能提供更优秀、更快捷的设计方式。但是设计师在选择此类软件时，要考虑与其他设计师和工作人员的合作问题，尤其是对于大型项目来说，选择独辟蹊径的小软件是有一定风险的，如果制作出来的源文件不能被现有常见软件兼容，那么在后期制作过程中便是一件非常麻烦和危险的事情。

下面就请大家随我步入手机端 App 界面设计的神秘世界吧！

蘑菇街项目——电商类Android手机App设计（一）

● 本章目标

完成本章内容以后，您将：

- 了解蘑菇街项目——电商类Android手机App设计需求。
- 掌握Android系统手机界面设计规范。
- 掌握Android系统图标设计原则与设计规范。
- 掌握Android系统切图规范与技巧。

● 本章素材下载

- 请访问课工场UI/UE学院：kgc.cn/uiue（教材版块）下载本章需要的案例素材。

本章简介

随着智能手机的普及与无线网络的发展，越来越多的公司开始拓展无线网络业务，从网页端逐步发展蔓延到 App 市场，而在众多的 App 类型当中，最引人瞩目的当属电商类 App，作为当年最佳 UI 设计和用户体验大奖的获得者——蘑菇街手机 App 客户端则成为电商类 App 最具代表性的产品。蘑菇街是目前较火的电商类女性购物网站，以“社区化电子商务”为主要特征。蘑菇街 App 为女性用户提供方便的服装挑选、搭配经验、扮靓秘笈、购物心得等，给女性用户提供随时随地逛街的平台。

本案例通过对蘑菇街 App 项目进行详细剖析，带领大家设计出出色的电商类 App，期间还会穿插 Android 系统手机设计规范等基本知识，实践和理论相结合，非常实用。

2.1 蘑菇街项目——电商类 Android 手机 App 设计需求概述

参考视频
蘑菇街项目——
电商类 Android
手机 App 设计（1）

企业用户的真实需求是公司自身发展的需要，这部分内容是由项目需求方（即需要制作 App 的企业，通常称为甲方）提出的。

2.1.1 项目名称

蘑菇街项目——电商类 Android 手机 App 设计

2.1.2 项目定位

随着时代的变迁，智能手机数量剧增带来的是数量巨大的 App 的高速发展。借助网络平台促成销售成就了一种新颖有效的企业营销模式，在互联网营销全球化大浪潮的推动下，面临同类型行业的激烈竞争，蘑菇街希望能在兼顾网站平台的前提下推出手机端 App 来建立和提升全球市场份额。蘑菇街 App 界面如图 2.1 所示。手机扫描二维码，可以快速查看预览效果。

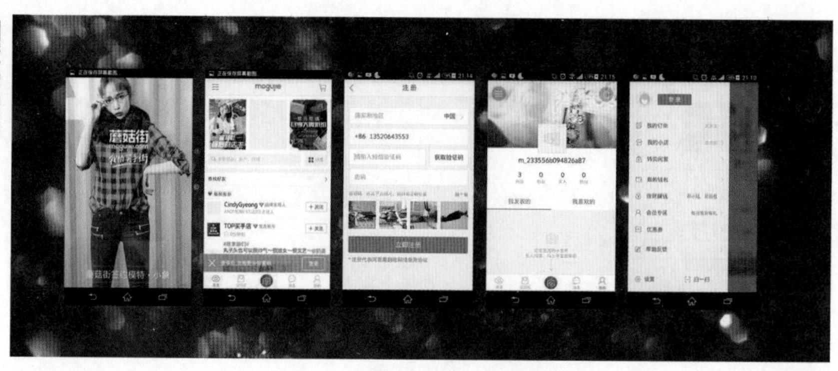

图 2.1　蘑菇街 App 界面展示

2.1.3 蘑菇街企业背景

蘑菇街成立于2011年，是专注于时尚女性消费者的电子商务网站，为爱美的姑娘们提供衣服、鞋子、箱包、配饰和美妆等商品，蘑菇街App也成为时尚女性购买和互相分享美丽的必备App。

蘑菇街旨在做一家高科技轻时尚的互联网公司，公司的核心宗旨就是购物与社区的相互结合，为更多消费者提供更有效的购物决策建议。蘑菇街网页截图如图2.2所示。

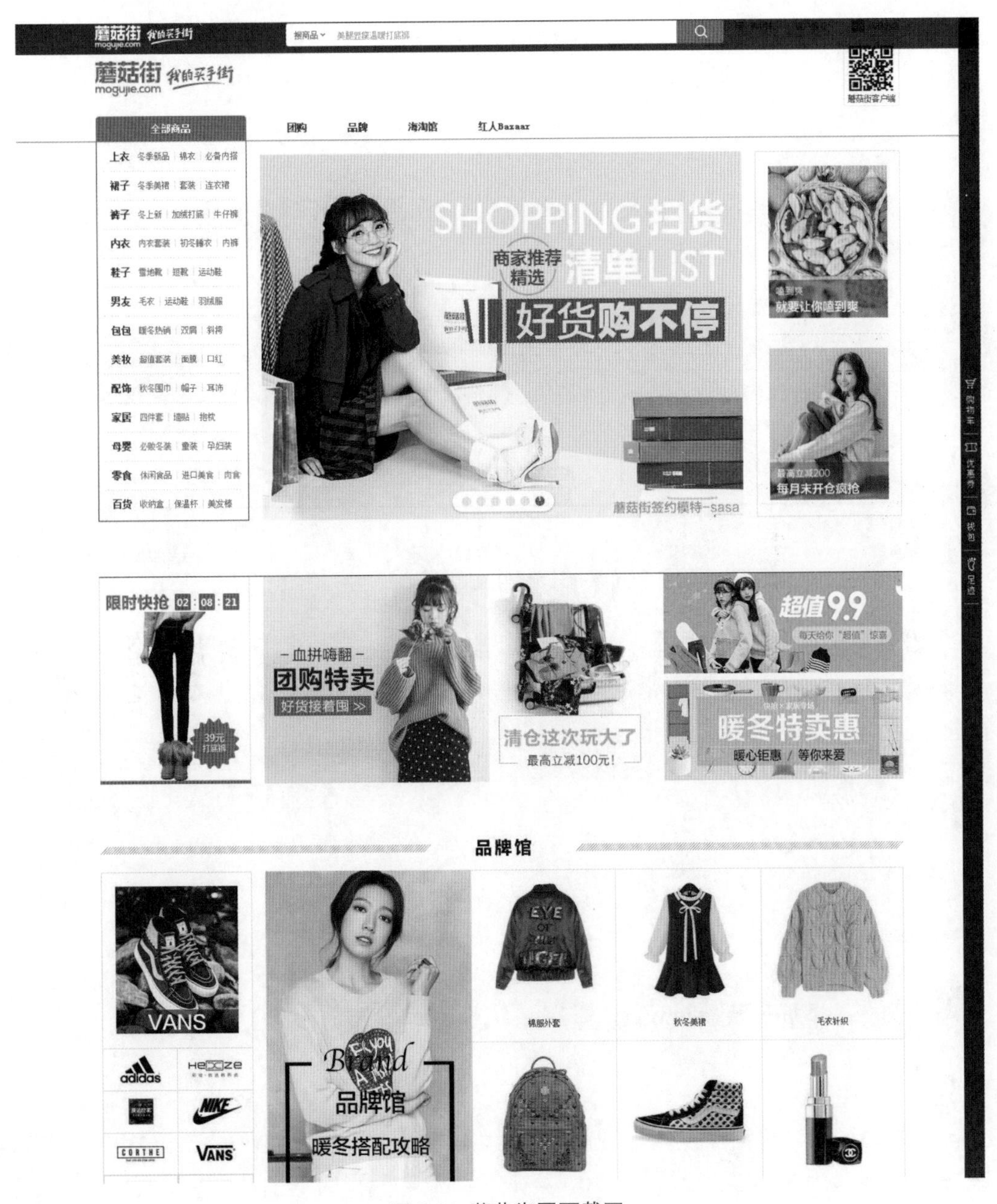

图2.2 蘑菇街网页截图

2.1.4 蘑菇街App项目需求

作为蘑菇街网页端产品的衍生品，蘑菇街手机端 App 希望能成为广大消费者的营销平台，同时借助智能手机可以充分利用消费者的碎片时间，不断提高购买率和转化率。

1. 蘑菇街手机端 App 项目设计需求

（1）针对 Android 系统设计并制作符合系统规范的 App 界面。

（2）针对手机端用户，符合手机端用户的使用习惯和审美偏好。

（3）以营销为目的、以转化率为最终目标、符合电商类 App 的特点。

（4）产品功能与风格以蘑菇街网页端为主要参考，手机 App 产品是网页端产品的衍生品。

（5）需要设计并绘制启动页和引导页。

（6）需要对完整的设计作品进行切图，可延伸区域需要按照点 9 切图。

2. 蘑菇街手机端 App 项目功能要求

蘑菇街是一个以兴趣为聚合基点，以分享为主题的社会化媒体平台，以电商平台为依托，以瀑布式的分享信息为载体，将社区和电子商务相结合，以为用户提供最新的购物分享信息为宗旨，打造中国最流行的女性线上购物入口。蘑菇街 App 框架如图 2.3 所示。

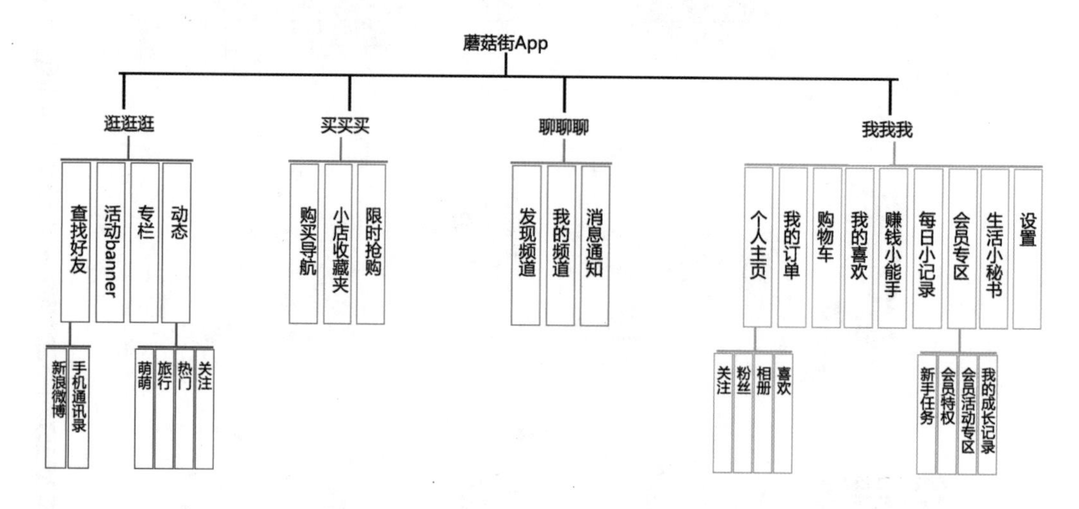

图 2.3 蘑菇街 App 框架

2.1.5 蘑菇街App风格要求

App 设计风格是指 App 通过主要的几种颜色搭配、页面布局等给用户呈现出的整体视觉感受。App 设计风格从视觉效果上至少给用户传达了两个信息：一是 App 的整体基调；二是 App 的目标人群。早在蘑菇街 App 获得年度最佳 App UI 设计大奖时，他们的移动业务负责人是这样阐述的："女性的喜好在设计环节中被特别重视。女性是视觉动物，因此App 的色彩搭配显得尤为重要，采用柔和的粉色与绿色能够让女性用户在浏览过程中心情愉悦。"蘑菇街 App 设计风格如图 2.4 所示。

图 2.4　蘑菇街 App 设计风格

蘑菇街的设计紧跟业界的主流设计风格——扁平化的视觉风格。蘑菇街 App 界面美观、简约大方、条理清晰；设计元素上强调抽象、极简、符号化，去除冗余的装饰效果以凸显App 的文字图片等信息内容；完美兼容 PC 网站、Android、iOS 等不同系统的平台和不同屏幕分辨率的设备，多终端适配完美，如图 2.5 所示。

图 2.5　界面扁平化设计

原则上产品经理不应该干扰限制设计师的创意和灵感，但产品定位是什么、产品目标人群是谁这两点需要产品经理在提设计需求之前务必清晰地传达给设计师。

2.2 Android 系统手机设计规范

参考视频
蘑菇街项目——电商类 Android 手机 App 设计（2）

1886 年，法国著名作家利尔·亚当（comte de Auguste Villiers de l'Isle-Adam）发表了一篇科幻小说《未来的夏娃》，他将外表像人的机器起名为 Android，这是 Android 最早的来源。Android 各代版本 Logo 如图 2.6 所示。

Android 系统是 Google 在 2007 年宣布的一款基于 Linux 平台的开源操作系统，该平台现在遍布全球，不仅针对手机端，还扩展到了智能电视、便携式平板电脑、车载电脑等。各种 Android 系统硬件如图 2.7 所示。

图 2.6　Android 各代版本 Logo

图 2.7　各式各样的 Android 系统硬件

现在，Android 系统手机占领着国内主要的智能手机市场，如何设计出符合 Android 系统平台规范的手机界面成为设计师们必备的技能之一。

2.2.1　Android系统界面尺寸和分辨率

当前市面上有各式各样的智能手机，其中 Android 系统的智能手机凭借其多种多样的屏幕尺寸、外观等优势吸引着广大用户的目光。

屏幕尺寸是指实际的物理尺寸，为屏幕对角线的测量。实际屏幕尺寸分为四个广义的大小：小、正常、大、特大。

现阶段 Android 系统手机常见的屏幕尺寸有：480*800 像素、720*1280 像素、1080*1920 像素等。在目前的 Android App 设计项目中，我们并不会为每一种屏幕尺寸设计一套 UI 界面。

那么面对如此之多的 Android 系统的屏幕尺寸，设计师在设计和制作时又该选择何种规格开始设计呢？在正式介绍 Android 系统界面规范之前，先来介绍一下经常出现在我们视野中的英文字符。

1. 我们视野中的那些英文字符

（1）px（像素）：像素是构成数码影像的基本单元，通常以像素每英寸 ppi（pixels per inch）为单位来表示影像分辨率的大小。例如 200*200ppi，即表示水平方向与垂直方向每英寸长度上的像素数都是 200，也可以表示为一平方英寸内有 4 万（200*200）像素。

（2）dpi（每英寸的像素数量）：国际上都是计算一平方英寸面积内像素的多少，也就是扫描精度。dpi 越小，扫描的清晰度越低。由于受网络传输速度的影响，Web 上使用的图片都是 72dpi，但是冲洗照片或者打印要求分辨率必须为 300dpi 或者更高。例如要冲洗 4*6 英寸的照片，扫描精度必须是 300dpi，那么文件尺寸应该是 (4*300)*(6*300)=1200 像素 *1800 像素。

（3）ppi：pixels per inch 的缩写，也就是每英寸所拥有的像素（pixel）数目，即像素密度。

（4）sp（安卓的字体单位，即 scale-independentpixel 的缩写）：当在系统设置里调节字号大小时，应用中的文字也会随之变大变小。以 160ppi 屏幕为标准，当字体大小为 100% 时，1sp=1px。sp 与 px 的换算公式为：sp*ppi/160 = px。

（5）dp（也可写为 dip，即 density-independent pixel）：dp 更类似一个物理尺寸，比如一张宽和高均为 100dp 的图片在 320*480px 和 480*800px 的手机上“看起来”一样大。而实际上，它们的像素值并不一样。dp 正是这样一个尺寸，不管这个屏幕的密度是多少，屏幕上相同 dp 大小的元素看起来始终差不多大，如图 2.8 所示。

图 2.8　不同的屏幕密度

2. Android 系统常见尺寸及分辨率

在实际项目中，设计师基本上不会为每一种分辨率单独设计一套 UI 界面。大多数情况下都是在某一个基础上进行设计，然后再为了与其他尺寸适配而进行界面上的放大或缩小。常见的 Android 系统手机尺寸大小及分辨率等重要信息如图 2.9 所示。

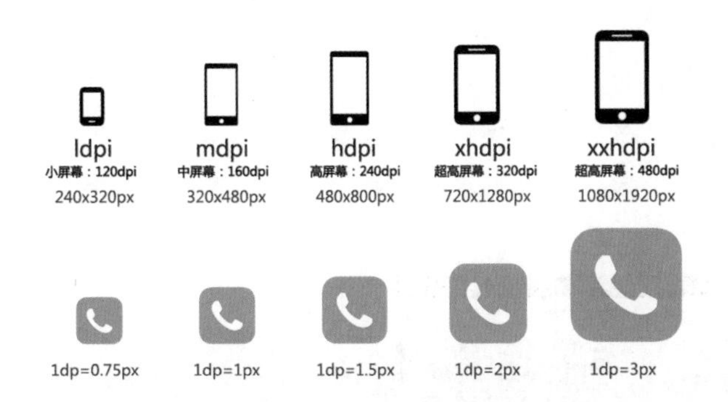

ldpi: mdpi: hdpi: xhdpi :xxhdpi =0.75:1:1.5:2:3

图 2.9　常见 Android 系统手机设计规范及重要尺寸

在Android系统App界面设计中，以320*480px的手机屏幕为基准屏幕，其系统密度为160dpi，在这个屏幕尺寸下1dp=1px。

一张长度和宽度都是100dp的图片在320*480px（mdpi，160dpi）的手机中是100*100px，那么它在480*800px（hdpi，240dpi）的手机上是多少像素呢？

就目前市场状况而言，ldpi、mdpi 已绝迹，市场份额不足 5%，新手机基本上不会有这种倍率出现，所以在设计上几乎不用考虑；hdpi 市场份额不到 20%；xhdpi 目前市场比例最大，达到 25% 以上，xxhdpi 数量也在逐渐扩大中，而 xxxhdpi 由于尺寸过大，近乎接近 Pad 端界面尺寸，所以目前只有极少数手机屏幕支持这个尺寸，如图 2.10 所示。

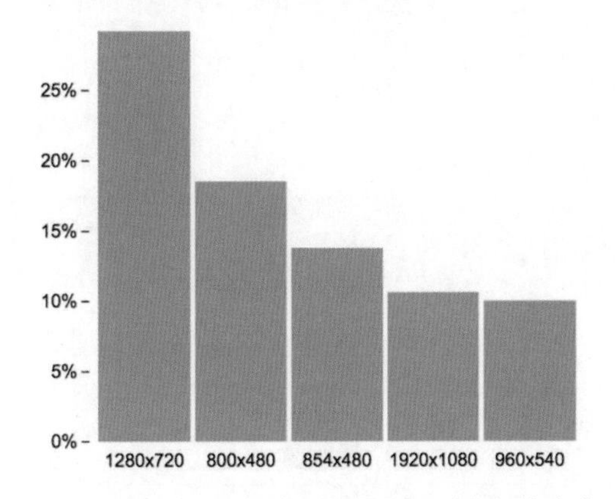

图 2.10　Android 系统手机界面尺寸市场占有率

所以推荐使用 xhdpi 或 xxhdpi 的尺寸进行设计，即画布新建为 720*1280px 或 1080*1920px，分辨率使用 72dpi 即可。

经验总结

在实际工作中，也可以根据测试机的实际尺寸进行设计，这样更方便进行预览和观看。

3. Android 系统中的栏

当使用 App 的时候，可以看到很多的栏，每一种栏都有自己特有的名字和属性，它们所包含的元素和实现的功能各不相同，尺寸上也存在着一定的差异，如图 2.11 所示。

图 2.11　Android 系统中的栏

（1）状态栏：信号、运营商、电量等显示手机状态的区域，如图 2.12 所示。

图 2.12　状态栏

（2）导航栏 / 操作栏：显示当前界面的名称，包含相应的功能或者页面间的跳转按钮，如图 2.13 所示。

图 2.13　导航栏 / 操作栏

（3）标签栏：提供整个应用的分类内容的快速跳转，如图 2.14 所示。

图 2.14　标签栏

（4）Android 设备的物理键或虚拟键，如图 2.15 所示。

图 2.15　虚拟键

Android 系统各分辨率下的栏高如表 2.1 所示。

表 2.1　Android 系统各分辨率下的栏高

设备	屏幕大小（像素）	状态栏高度（像素）	导航栏高度（像素）	标签栏高度（像素）
xhdpi	720*1280	50	96	96
xxhpdi	1080*1920	75	144	144

注意

Android系统控件高度都支持自定义设置，所以没有严格的尺寸数值。设计师在实际设计工作中可以根据项目需求和布局规划重新对栏高进行定义。

经验总结

对于初次接触 Android 系统手机界面设计的初学者，可以借鉴和参考 Android 系统已经上线的 App，尤其是原生 App 的界面设计。具体方法为：导入一张完整的 Android 手机界面作为设计底版，参考它的设计尺寸。

4. Android 系统的按钮与可点击区域

Android 系统的按钮与可点击区域在尺寸上并没有严格的规定，设计师可以自由地进行设计与制作。但是由于用户使用手指作为操作手机的主要工具，所以要考虑手指接触屏幕的最小可点击区域，由此我们设计 Android 系统的按钮与可点击区域的最小尺寸为 48dp，每个 UI 元素之间的空白间隔建议是 8dp，同时还要考虑多尺寸的 Android 系统手机屏幕的适配，所以建议所有的按钮与可点击区域尺寸最好是 4 的倍数。

一般来说，把 48dp 作为可触摸的 UI 元素的标准：换算到 xhdpi 中，48dp=96px；换算到 xxhdpi 中，48dp=144px，如图 2.16 所示。

注意

如果界面上设计的按钮或可点击区域的高和宽至少为48dp，那么就可以保证：

①可点击区域或按钮的尺寸不会比手指的最小可点击区域（7～9mm）小。

②无论是在何种尺寸的屏幕上，用户都能很容易地进行操作和点击。

③在尺寸较小的手机屏幕上，元素和元素之间有一个可操作的标准来执行，更利于设计师在设计界面时有所依靠。

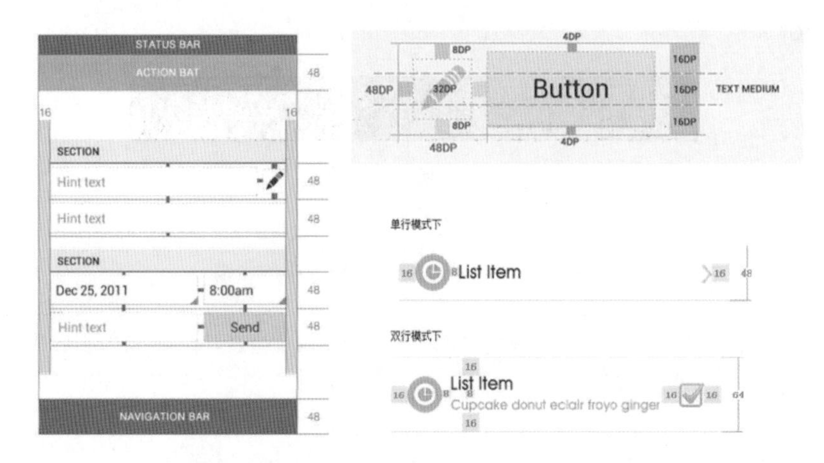

图 2.16　Android 系统按钮及可点击区域的尺寸

5. 建立适合 Android 系统的网格系统

由于 Android 系统手机存在多种屏幕密度，所以设计师在界面的设计与制作过程中要牢记各屏幕密度之间的差异，熟知它们之间的运算规则，保证所有或者大部分的控件和元素都是双数。那么在 Photoshop 软件中新建画布之后，建立合适的网格系统就变得尤为重要了。建立网格系统的方法：选择“编辑”→“首选项”→“参考线、网格和切片”命令，如图 2.17 所示。

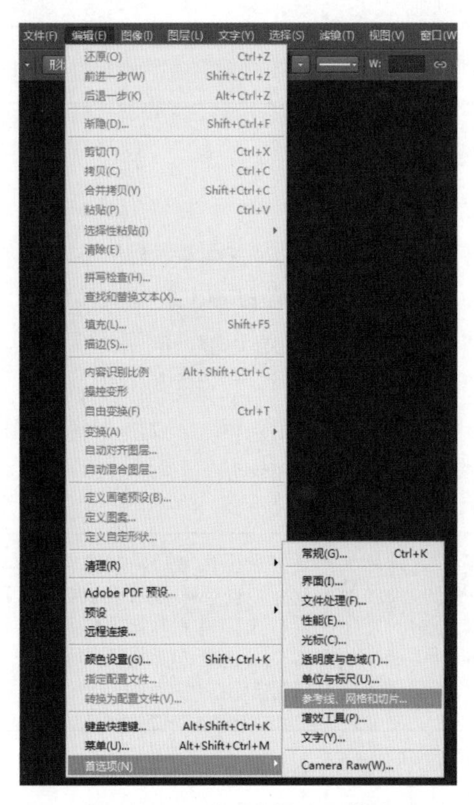

图 2.17　网格系统的建立方法

以 xxhpi 为例，屏幕尺寸为 1080*1920px，建议导航栏高度为 144px，标签栏高度为 144px。由于在 xxhdpi 中，1dp=3px，所以最小间隔 8dp=24px，它的最小可点击区域 48dp=144px，那么设计师就可以建立以 24px 为主的网格系统。如图 2.18 所示，对网格线进行详细的设置。

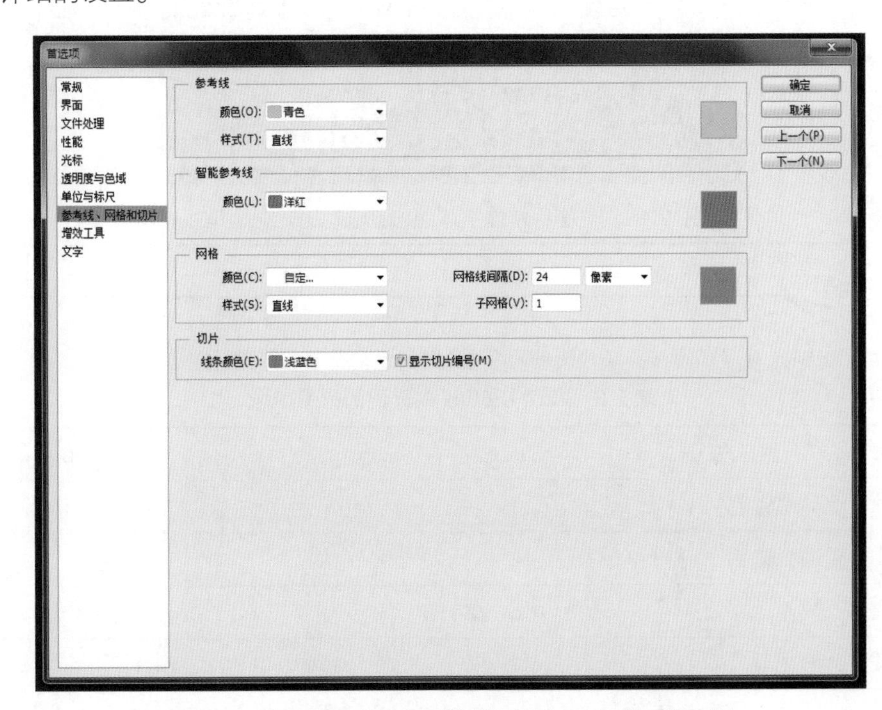

图 2.18　在 xxhpi 中建立网格线间隔为 24px 的网格系统

2.2.2　Android系统字体与字号

Android 系统的默认英文字体是 Roboto，默认中文字体是谷歌设计的一款字体 Droid sans fallback，与微软雅黑、方正兰亭很像。在界面设计时也可以使用这两种字体来进行替换。

Android 系统还支持内嵌字体，即设计师可以使用其他字体来进行设计，不过在设计的时候要考虑字体文件的大小。

保证文字的识别度是界面设计中最重要的工作之一，设计师可以通过文字的颜色、大小、所占比重来进行强调和区分。鉴于 Android 系统尺寸过多，设计师在处理字号时建议最好使用双数。

一般而言中文字体体积比较大，占据更大的空间，所以并不建议使用内嵌中文字体。如果项目需求表述的确需要更有个性的文字来彰显界面视觉风格，那么可以考虑对使用非系统字体的文字进行切图处理，将它们切成一张张的图片，这样也可以达到相同的效果，如图2.19所示。

图 2.19　对使用特殊字体的部分进行图片化处理

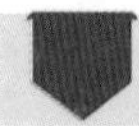
经验总结

以 720*1280px 的界面为例，经常使用的字号如表 2.2 所示。

表 2.2　720*1280px 的界面的常用字号

用途	sp	px
极小的、注释性文字	12	24
小文本、辅助性文字	14	28
正常文本	16、18、20	32、36、40
标题文字、大文本	22	44

2.2.3　Android系统图标设计

1. Android 系统图标的设计尺寸及规范

图标是具有明确指代含义的计算机图形。其中启动图标是软件的重要标识，界面中的图标主要提供功能标识的作用。图标源于生活中的各种图形标识，是计算机应用图形化的重要组成部分。手机或平板电脑端 App 的图标又分为启动图标、操作栏图标、小图标，如图 2.20 所示。

图 2.20　启动图标、操作栏图标、小图标

（1）启动图标。

启动图标就是显示在主屏幕上，作为程序的操作入口并提供一些状态表示的小幅图片。因为 Android 系统是一种比较开放的手机系统，所以大都支持用户对主屏幕壁纸进行自定义设置，所以设计师要确保启动图标在任何背景上都清晰可见。在进行图标设计的时候，要针对之前提到的几种主流像素密度进行缩放，缩放的比例是：ldpi:mdpi:hdpi:xhdpi:xxhdpi=0.75:1:1.5:2:3。

例如，Android 系统的启动图标尺寸是 48*48dp，那么在 mdpi 的屏幕上其设计的实际尺寸就是 48*48px，在 hdpi 的屏幕上其实际大小则为 mdpi 的 1.5 倍，即其设计尺寸是 72*72px，在 xhdpi 的屏幕上其实际大小是 mdpi 的 2 倍，即设计尺寸为 96*96px，依此类推，参考数值如表 2.3 所示。

表 2.3　Android 系统启动图标尺寸

Android 系统启动图标尺寸	48*48dp
ldpi	36*36px
mdpi	48*48px
hdpi	72*72px
xhdpi	96*96px
xxhdpi	144*144px

*在 Play 商店中显示的启动图标大小是512*512px，所以设计师在设计Android系统启动图标时一般从这个尺寸开始进行设计和制作。*

*在不要求印刷的前提下，提供分辨率为72dpi、尺寸为512*512px的启动图标。*

虽然 Android 系统比较开放，没有对启动图标在风格上有过多的硬性要求，但是原生 Android 系统启动的图标仍然保有自己独特的风格和特征，如图 2.21 所示：

- 使用一个独特的剪影。
- 使用三维的正面视图，看起来稍微有点从上往下的透视效果，使用户能看到一些景深。

图 2.21　原生 Android 系统启动图标样式

（2）操作栏图标。

操作栏图标看起来就像一个图像按钮，是用户在应用中可以执行的操作入口。在制作操作栏图标时，一般会使用一个简单的隐喻来代表将要执行的操作，这样可以让用户一目了然，如图 2.22 所示。

图 2.22　Android 系统操作栏图标

Android 系统手机操作栏图标大小应当是 32*32dp。由于操作栏图标一般都是一个不规则的图形，所以在设计时要保证核心区域中图标所占的比例大致相同或尺寸保持一致，建议焦点区域的设计尺寸是 24*24dp。按照几种主流的像素密度进行缩放，得出相应的设计尺寸和焦点区域，如表 2.4 所示。

表 2.4　Android 系统手机操作栏图标设计尺寸和焦点区域尺寸

	设计尺寸	焦点区域尺寸
Android 系统手机操作栏图标	32*32dp	24*24dp
ldpi	24*24px	18*18px
mdpi	32*32px	24*24px
hdpi	48*48px	36*36px
xhdpi	64*64px	48*48px
xxhdpi	96*96px	72*72px

原生 Android 系统操作栏图标样式一般采用象形、平面化的图标来表示，不要有太多细节，尽量使用圆滑的弧线或者尖锐的形状。如果图形太窄，则向左或向右旋转 45 度来填满图形区域。最细的笔画不应小于 2dp。

（3）小图标。

小图标一般出现在应用的行列表中，每一行的两端经常会使用比较小的图标来表示操作或者特定的状态。例如在 Gmail 应用中，每条信息都有一个星形图标用来标记“重要”，如图 2.23 所示。

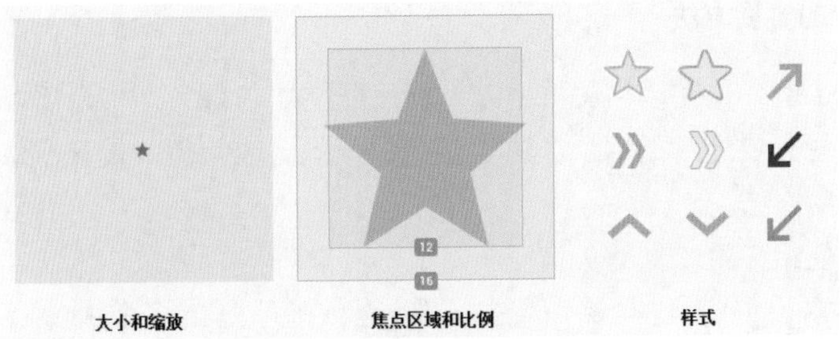

大小和缩放　　焦点区域和比例　　样式

图 2.23　Android 系统的小图标

Android 系统小图标大小应当是 16*16dp，焦点区域尺寸为 12*12dp。按照几种主流的像素密度进行缩放，得出相应的设计尺寸和焦点区域尺寸，如表 2.5 所示。

表 2.5　Android 系统小图标设计尺寸和焦点区域尺寸

	设计尺寸	焦点区域尺寸
Android 系统小图标设计尺寸	16*16dp	12*12dp
ldpi	12*12px	9*9px
mdpi	16*16px	12*12px
hdpi	24*24px	18*18px
xhdpi	32*32px	24*24px
xxhdpi	48*48px	36*36px

原生 Android 系统的小图标一般使用比较简单的平面图形，最好使用填充图标而不是细线条勾勒，这样在显示尺寸较小的情况下可保持清晰可见，让用户更容易理解图标的意义和目的。

在颜色的使用上，要采用用户已经熟知的颜色系统为宜。例如在 Gmail 应用中，使用黄色的星形图标表示重要的信息。如果图标是可以被用户操作的，那么就要使用和背景色形成对比的颜色，让人更有点击的欲望，如图 2.24 所示。

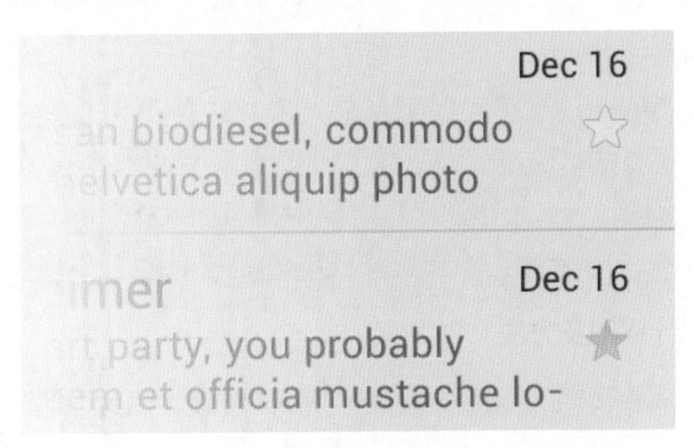

图 2.24　Gmail 应用中黄色的星形图标表示对该信息加入收藏

2. 图标设计的实用方法

鉴于 Android 系统存在多种屏幕密度，在适配上要求更为严格，所以设计师在制作和绘制图标时有一些需要注意的事项。这里还提供一些比较常用的设计方法以帮助设计师在设计时能更方便地操作。

（1）尽可能使用矢量软件或矢量工具。

“工欲善其事，必先利其器。”在界面设计中用得最多的软件就是 Photoshop、Illustrator 和 CorelDRAW。不用一味追求软件的版本，对于软件本身而言，它只是工具，用着舒服就行，另外，推荐用高一点的版本，低版本中很多便捷功能都没有。

Photoshop 软件向设计师同时提供矢量工具和位图工具，在绘制图标时尽可能使用钢笔工具和矢量工具（如图 2.25 和图 2.26 所示），这样在需要放大图标时就可以避免细节上的损失和模糊，在低分辨率的屏幕上也很容易让边缘和角落与像素边界对齐。

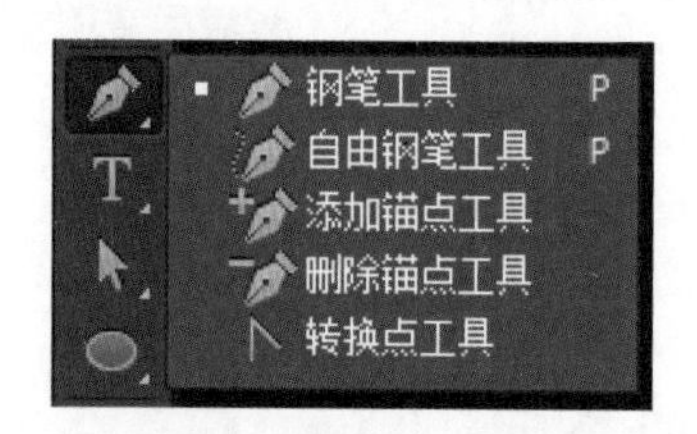

图 2.25　Photoshop 中的钢笔工具

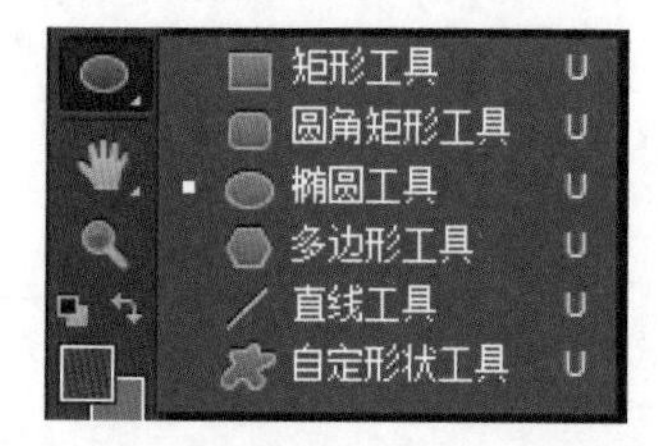

图 2.26　Photoshop 中的矢量工具

Illustrator 和 CorelDRAW 是矢量软件，如图 2.27 和图 2.28 所示。在绘制图标时也应尽可能使用矢量软件。

图 2.27　Illustrator

图 2.28　CorelDRAW

（2）使用更大的画布。

对矢量软件并不熟练的设计师可以采用更大尺寸的画布完成图标的设计与绘制，这不失为一种节省时间和精力的好方法。为了更好地适配不同的像素密度，最好使用数倍于最大图标尺寸的画布。例如，启动图标一般需要提供的最大尺寸为 512*512px，那么使用 1024*1024px 的画布来进行设计可以大大降低缩放图标时的工作量。

3. 启动图标的设计原则及方法

作为所有图标中最重要的启动图标，它一般起到传达 App 的基础信息，并第一时间带给用户第一印象和感受的作用。启动图标是 App 的入口，同时也是能在第一时间引导用户进行下载和使用的关键图标。

（1）启动图标的设计原则。

1）符合各平台要求和规范。

各平台对于启动图标的设计尺寸和视觉风格都有不同的定义和要求，所以符合各系统平台的要求和规范是启动图标在设计上的第一原则，这直接影响到 App 是否能顺利上线。

2）保证图标的可识别性。

让用户看到图标就能感受到图标所要表现的意思，让用户不用深思熟虑就能知道该 App 是所属哪类行业、有哪些特征。优秀的启动图标能够传达 App 的主要功能或所属行业特征。安全、健康类的 App 一般会使用绿色来表现，其图标大多会使用带有盾牌形状的图形系统，如图 2.29 所示。

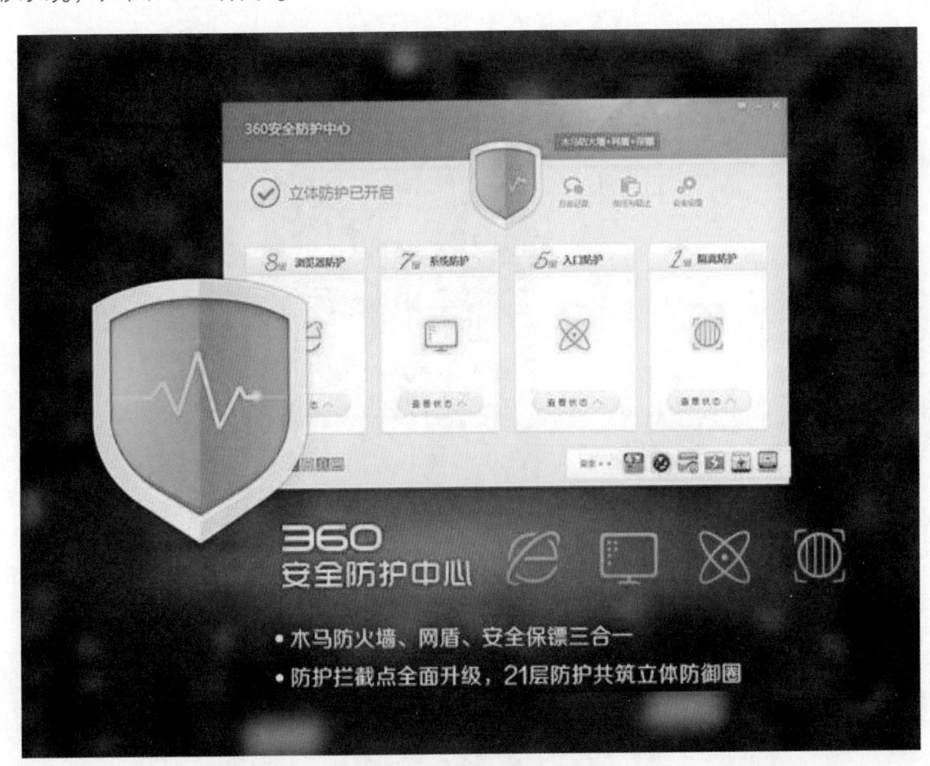

图 2.29　手机安全卫士

3）符合大众的心理预期和审美喜好。

无论是界面设计还是启动图标设计，设计的主旨都要体现 App 的功能，如果用户是想玩一个游戏 App，但是这个游戏 App 的启动图标做得既简单又低调，看起来完全不像是个游戏，那么就会大大降低用户的下载率。

迎合目标用户的审美偏好也是设计师在设计时需要考虑的重要事宜。例如，男性用户可能更偏好深色系，更喜欢低调不张扬的颜色和风格；年轻女性用户则更喜欢粉嫩的颜色和可爱、温柔的设计风格；中老年用户则偏爱沉稳的视觉表现，同时还要考虑中老年用户在视力上逐步退化、注意力集中困难的问题，在视觉设计上要更注重文字和细节的识别度，如图 2.30 和图 2.31 所示。

图 2.30　以男性为主要用户群体的图标

图 2.31　以女性为主要用户群体的图标

4）多场景测试，保证启动图标设计的上线质量。

启动图标在设计时一般都会新建 512*512px 大小的画布，设计师已经习惯于在放大的状态下进行图标设计，但是用户最常看到的启动图标还是展示在主屏幕上那些拇指大小的小图片，所以保证启动图标在缩小的状态下仍旧清晰可见、保有更多的设计细节是至关重要的。建议启动图标绘制完毕之后要进行实际场景的测试，即将启动图标导入手机中进行观看和测试，如图 2.32 所示。

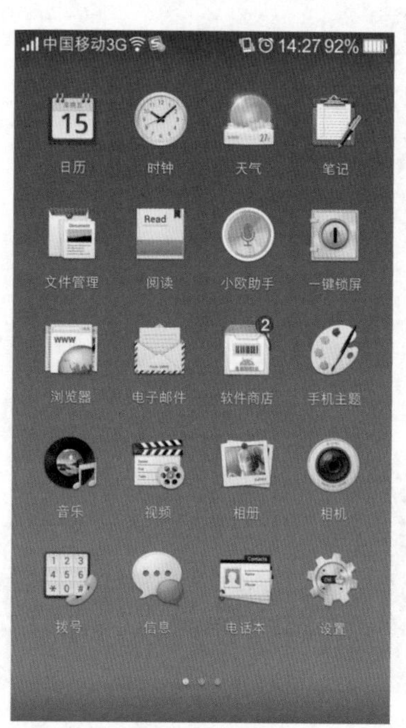

图 2.32　在主屏幕上仍然清晰可见的图标

经验总结

为了考虑与 iOS 系统启动图标进行完美地适配，一般设计师在设计启动图标时会采用 1024*1024px 这个尺寸来进行。

在进行多场景真实测试的时候，可以将测试机主屏幕截图，然后把设计完成的启动图标复制粘贴到截图上，将绘制完成的截图导入测试机，这样就可以模拟真实环境进行测试和观看了。

（2）启动图标的设计方法。

1）运用隐喻的设计表现方法。

提供与真实环境相同的符号系统，采用隐喻的表现方法，可以让启动图标更加容易被用户理解。例如，一个主要提供闹钟功能的 App，它的启动图标一般都会采用钟表这个形状来表现，用户在第一眼看到这个启动图标的时候就能意识到这个 App 的主要功能大概会和时间相关。

2）视觉设计要找到共性，抓住个性。

分析提供同样功能的 App 或者所属同样行业的 App 的启动图标，找到它们的共性和特征可以给设计师提供更多的灵感和思路，在设计自己的启动图标时取长补短，勇于创新。

经验总结

从 App Store 和安卓发布平台可以找到数量巨大的已经上线的 App 启动图标，这对于新手设计师来说可以提供更多参考价值，如图 2.33 所示。

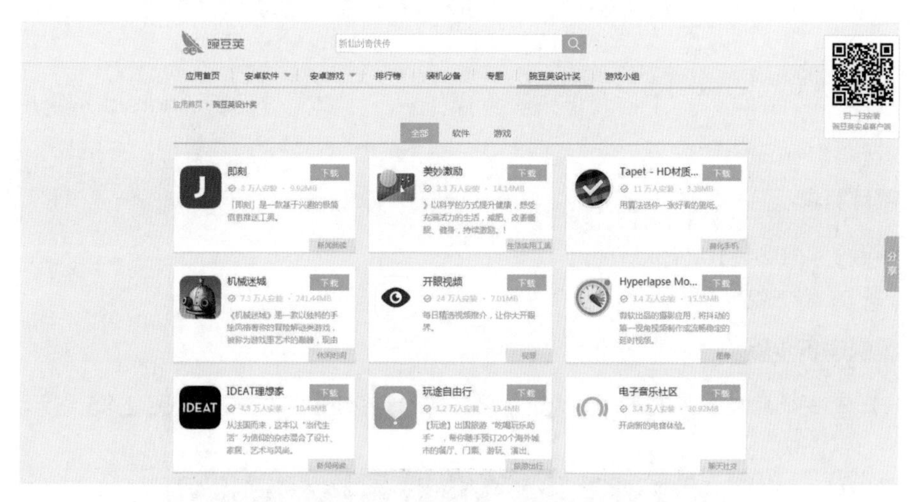

图 2.33　Android 系统手机应用发布平台：豌豆荚

3）充分使用它的品牌 Logo。

对于品牌价值比较高的产品，可以采用品牌 Logo 直接作为 App 的启动图标，这对品牌宣传和形象确立也是不错的选择。但是对于同一品牌拥有多个 App 产品的情况，使用品牌 Logo 的时候就要注重 App 启动图标的区别与差异了，如图 2.34 所示。

图 2.34　麦当劳 Logo 和麦乐送 App 启动图标

4）延续软件界面中的图形元素。

延续界面中的图形元素来进行启动图标的设计，在界面和图标中使用相同的设计元素是一种常用的设计方法。在游戏类启动图标的设计制作中经常会使用这种方法，譬如消除类游戏 App 启动图标一般会采用游戏中常用的元素来进行设计和制作。

5）增加质感与细节。

添加必要的质感与细节可以让启动图标看起来更华丽、更漂亮，从而大大提高用户的下载率。需要注意的是，仍旧要考虑在缩小状态下启动图标的细节不被模糊，必要信息要清晰可见。

6）在真实环境下测试图标效果，微调色彩或亮度达到最佳效果。

2.3 实战案例——蘑菇街 Android 系统启动图标设计

经过以上内容的学习，下面我们来实际操作一下，看看蘑菇街 Android 系统启动图标究竟是如何进行设计和制作的。

1. 项目需求

（1）尺寸：1024*1024px。

（2）分辨率：72dpi。

2. 案例解析步骤

（1）新建一个尺寸为 1024*1024px、分辨率为 72dpi 的画布，如图 2.35 所示。

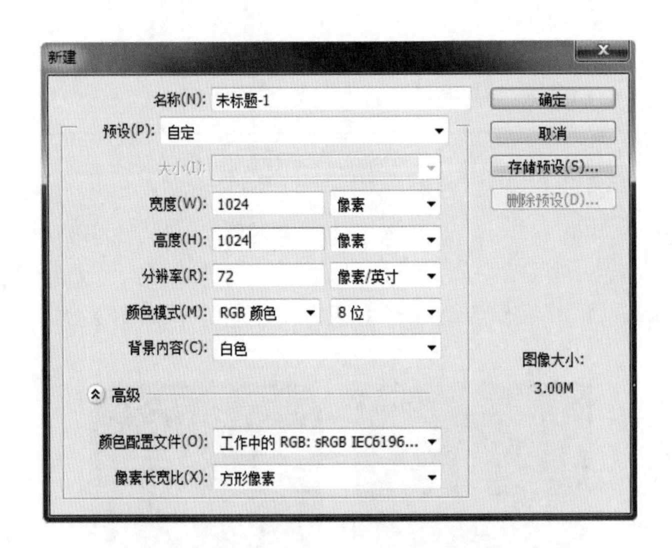

图 2.35　新建画布

（2）新建一个尺寸为 1024*1024px、圆角为 180 度的圆角矩形，如图 2.36 所示。

（3）绘制严谨的等腰三角形作为一个可方便进行调整的智能对象，要求各个三角形间距平均，颜色采用粉红色与枚红色进行渐变过渡，如图 2.37 所示。

图 2.36　设置圆角

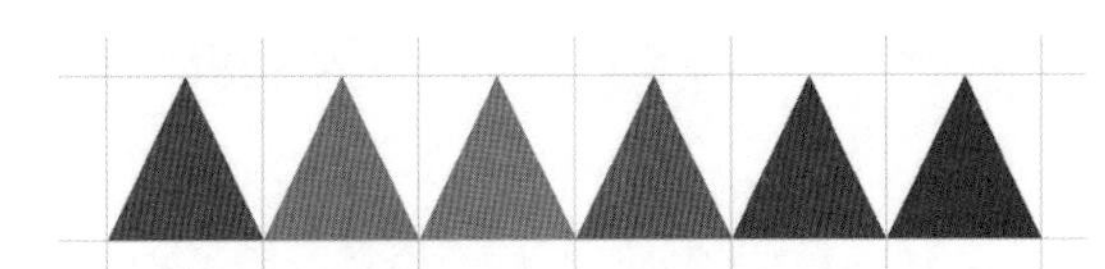

图 2.37　严谨的等腰三角形

在绘制的时候可以利用网格系统、辅助线、属性栏中的对齐和平均分布按钮。

（4）将粉色三角形智能图层进行复制与对齐，完成效果如图 2.38 所示。

（5）添加图层样式，调整光源，增加质感与细节，如图 2.39 所示。

图 2.38　平铺粉色三角形智能图层

图 2.39　蘑菇街 App 启动图标

（6）在实际环境中测试启动图标是否清晰可见。

1）将手机主屏幕进行截图，然后导入计算机备用。

2）在 Photoshop 中打开手机主屏幕图片，然后将制作好的蘑菇街启动图标拖拽到图片上，调整大小和位置。

3）将完成的图片重新导入手机，模拟实际环境进行测试。注意文字是否清晰可见，粉红色渐变是否存在混乱的情况。

2.4　点 9 切图的制作方法

智能手机 App 大多支持横屏和竖屏之间的切换，同一界面会随着手机（或平板电脑）中方向传感器参数的不同而改变显示的方向，当界面方向发生改变后，界面上有些图形长宽就会发生变化而产生一定程度的拉伸。同时，Android 系统存在多屏幕尺寸，很多控件的切图文件在被放大拉伸后边角会模糊失真。为了方便解决适配问题，点 9 切图应运而生。

2.4.1 点9切图的概念

点 9 即 .9 ，是 Andriod 平台的应用软件开发中一种特殊的图片形式，文件扩展名为 .9.png。在 Android 平台下使用点 9 技术可以将图片横向和纵向同时进行拉伸，以实现在多种分辨率下的完美显示效果，如图 2.40 所示。

图 2.40　点 9 切图的原理

点 9 切图相当于把一张图片分成了 9 个部分（九宫格），分别为 4 个角、4 条边和 1 个中间区域。4 个角在变形中是不做拉伸的，所以可以一直保持圆角的清晰状态，而两条水平边和垂直边分别只做水平和垂直拉伸，图片基本上不会发生太大的变形和扭曲，不会走样。

并不是所有的按钮和区域都需要进行点 9 切图，只有那些有可能存在拉伸或在多屏幕或屏幕发生旋转时产生变形的部分才需要进行点 9 切图，其余不发生变化的部分可以采用普通的切图方式。点 9 切图的方法并不复杂，实施起来也并不是很困难，设计师只需要了解切图的原理和方法就可以很方便地对设计稿件进行切图了。

2.4.2 点9切图的制作方法

在 Photoshop 中进行点 9 切图的方法如下：

（1）确定切图后直接改变图片的画布大小，手动将上下左右各增加 1px。

（2）使用铅笔工具，选择黑色（#000000），手动绘制拉伸区域。

（3）存储为 Web 所用格式，选择 png-24，存储时手动将后缀名改为 .9.png，如图 2.41 所示。

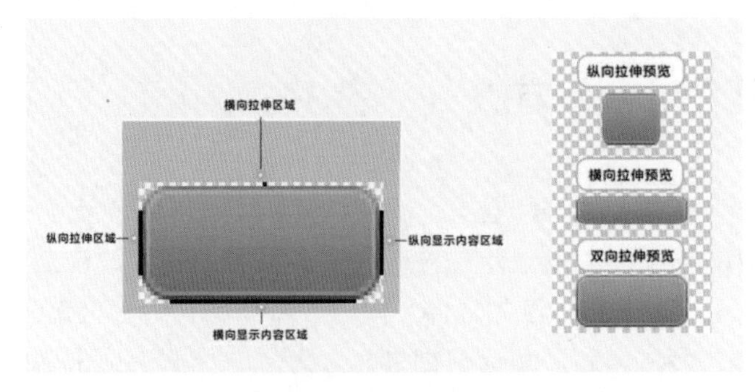

图 2.41　点 9 切图

在点 9 切图中需要注意以下几点：

- 手绘的黑线色值必须是 #000000，透明度为 100%，并且图像四边不能出现半透明像素。
- .9.png 必须绘有拉伸区域的黑线。
- 上边和左边代表要拉伸的范围，右边和下边代表显示的范围。

由于设计稿件进行切图之后，是将所有切图、示例效果图、标注文件打包统一发送给程序开发人员，所以在具体切图之前请先询问程序开发人员的意见和建议。

2.5 对按钮进行点 9 切图

1. 项目需求

（1）尺寸：282*144px 的绿色按钮。

（2）分辨率：72dpi。

2. 案例解析步骤

（1）新建一个尺寸为 282*144px、分辨率为 72dpi 的画布。

（2）在画布上新建一个尺寸为 282*144px、圆角为 20px 的圆角矩形。

（3）当按钮在任何屏幕尺寸上都不发生形状拉伸时存储为 png 格式，如图 2.42 所示。

（4）当按钮需要在屏幕上发生形状拉伸时，则采用点 9 格式进行切图，具体步骤如下：

1）为保证图片尺寸最小、所占空间最小，将绿色按钮缩短，如图 2.43 所示。

2）将画布尺寸上下左右都增加 1px，即长宽各增加 2px，用黑色铅笔绘制拉伸和显示区域，如图 2.44 所示。

图 2.42 png 格式的普通切图

图 2.43 将按钮尺寸缩短以缩小所占空间大小

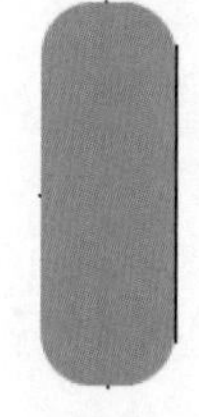

图 2.44 绘制拉伸和显示区域

3）存储图片为 Web 格式，选择 png-24，然后手动将文件名后缀改成 .9.png。

本章总结

- 了解 Android 系统界面存在多种屏幕密度，在制作 Android 系统界面时需要建立符合该尺寸的网格系统。网格系统的建立并不是为了要限制设计师的思路，而是为了能更好地指导设计师绘制可点击区域和按钮，使界面进行多尺寸之间的适配。
- Android 系统设计规范并不是严格规定的，其各栏高也是可以通过程序进行自定义的，所以设计师在设计制作的时候可以根据项目需求进行适当的修改。
- 启动图标是 App 的重要入口，在设计的时候要更加专注用心。小图标在设计上尽量使用矢量工具或矢量软件，这样能更方便地进行缩放而不损失图标细节。
- 点 9 切图相当于把一张图片分成了 9 个部分（九宫格），分别为 4 个角、4 条边以及 1 个中间区域。
- Android 系统版本不断更新，所以需要设计师紧跟时代潮流，密切关注最新的系统规范。

学习笔记

本 章 作 业

1. 制作 xxhdpi 的 Android 系统手机界面模板。

设计要求：

（1）使用辅助线或矩形工具分割出各栏的高度。

（2）模拟真实手机环境，将状态栏部位补充完善，增加电池、信号强度、时间等小图标。

（3）将各个图层进行命名和整理。

（4）建立符合xxhdpi的网格系统。

完成效果如图2.45所示。

图 2.45 xxhdpi 的 Android 系统手机界面模板

2. 制作一个儿童购物类 App 启动图标。

设计要求：

（1）新建尺寸为1024*1024px、分辨率为72dpi的画布。

（2）使用矢量软件或矢量工具进行设计和绘制。

（3）符合用户的审美偏好。

3. 导入一个原生 App，查看它的栏高、字号大小、按钮尺寸、可点击图标的设计尺寸等。

作业讨论区

访问课工场UI/UE学院：kgc.cn/uiue（教材版块），欢迎在这里提交作业或提出问题，你将有机会跟课工场的专家以及共同学习本书的小伙伴一起探讨切磋！

蘑菇街项目——电商类Android手机App设计（二）

● 本章目标

完成本章内容以后，您将：

- 了解电商类App的行业特征、界面特点与常见功能。
- 掌握电商类App设计、制作的基本流程。
- 掌握电商类App设计的界面绘制技巧与方法。
- 了解启动页、引导页的作用和种类。
- 掌握启动页、引导页的设计和绘制方法与技巧。

● 本章素材下载

- 请访问课工场UI/UE学院：kgc.cn/uiue（教材版块）下载本章需要的案例素材。

本章简介

比尔•盖茨说："21 世纪要么电子商务，要么无商可务"。如今电商当红，优秀的电商应用既能够愉悦消费者、提高转化率，也能提高品牌的销售额。电子商城客户端以其便捷性、实时性和实用性让客户能够随时随地打开软件浏览新品信息、促销信息和活动资讯，并将各种信息第一时间推送到客户手中，实现购买交易。

本章将继续带领大家从设计的角度来看看优秀的电商应用应该具备哪些"素质"，了解电商类 App 的相关基础知识和实际应用。

3.1 电商类 App 设计理论

参考视频
蘑菇街项目——电商类 Android 手机 App 设计（3）

移动设备的繁荣发展和无线网络的普遍覆盖改变了购物的商业模式。电商类 App 大量充斥着人们的生活。移动电商的增长速度超过一般电商 200%，大概 63% 的用户更习惯在移动设备上消费。

电商的根本就是依托于 IT 技术和物流形成一种有别于传统营销渠道的新型购物环境，把产品搬到网络上来销售，为人们提供更多的购物选择和更方便的购物环境。

3.1.1 电商类App的常见分类

（1）从功能上来分，常见的电商类 App 主要有：网购类、二手交易类、移动支付类、购物分享类、团购类、比价和折扣查询类、其他。

1）网购类：淘宝、天猫、凡客、京东。

这些电商大都有 Pad 客户端产品，相较于手机客户端更适合精确查找和迅速购买。

2）二手交易类：58 同城。

随着人们买东西的频率越来越多，无用的东西数量也随之增长，越来越多的人们开始着力于将不常用的宝贝进行二手出售，二手交易类 App 随之产生。

3）移动支付类：支付宝。

移动支付是移动购物和消费的辅助手段和功能。随着手机端支付功能的日益普及，移动支付类 App 应运而生。原本支付宝只是淘宝的一个附属功能，需要付款的时候才会出现，不需要的时候基本上完全呈现隐身的状态，但是随着手机支付越来越便捷，支付宝的功能也日益丰富，它逐渐拥有了自己独立的 App。

4）团购类：美团、大众点评、百度糯米。

把促销做到极致的速效购物体系，提供更多折扣优惠与服务。团购类 App 一般都预设地图功能，方便用户能快速找到商家的确切位置。

5）比价、折扣、查询类：Quick 拍、我查查、魔印。

这一类的 App 能更好地刺激用户的购物欲望，为用户更便捷地提供比价功能。

（2）从商务模式对电商类 App 进行分类，又可以分为 B2B、B2C、C2C、O2O。其中 B 就是 Business 的缩写，代表企业；C 是 Customer 的缩写，代表客户；O 是 Online 或者 Offline 的缩写，代表线上或者线下。

- B2B（Business to Business）：企业与企业之间的电子商务。
- B2C（Business to Customer）：企业与消费者之间的电子商务。
- C2C（Customer to Customer）：消费者与消费者之间的电子商务。
- O2O（Online to Offline）：线下商务与互联网之间的电子商务。

3.1.2 电商类App的特点

每个行业都有每个行业的特征，电商类 App 同样也有自己独特的特点：更方便的购物渠道和流程，数量巨大的购买用户基数，价格更低廉、数目更巨大的商品，超强的营销意识。

1. 更方便的购物渠道和流程

只要有网络的地方，只要有智能手机的地方，电商类 App 就可以大行其道，让用户更方便地进行购物。电商类 App 提供更方便的购物渠道和购买流程，让购物无处不在。

由于智能手机充分利用了用户的碎片时间，所以电商类 App 在购买流程上更加扁平化、更加便捷。普通线下的购买流程如图 3.1 所示。

图 3.1　普通线下购买流程

线上购买流程可以大大节省中间环节，提供更快、更便捷的服务，如图 3.2 和图 3.3 所示。

图 3.2　常规线上购买流程

图 3.3　急速线上购买流程

2. 数量巨大的购买用户基数

网络的存在让地球村落化，一个商家可以面对来自五湖四海的消费者。与线下普通店铺运营着眼于四周环境人口流动数量相比，互联网时代下的电商类 App 商家要拥有数量更为巨大的用户购买基数。

3. 价格更低廉、数目更巨大的商品

随着无线网络和智能手机的普及，运营商家与用户之间的纽带越来越紧密，商家可以不再只依靠中间商或运营商来进行推广和销售，商家与用户之间的缝隙越来越小。这大大减少了商品流通的中间环节，节省了大量开支，从而降低了交易的成本和流通过程中产生的费用，因此商家可以提供价格更为低廉、数目更为巨大的商品。

4. 超强的营销意识

“11.11”这个节日原本只是调侃单身汉的节日，但是从淘宝运营商将其确立为一个专门促销的日期开始，互联网电商平台轰轰烈烈地举起了营销的大旗。各种促销、打折、满减返的节日和活动比比皆是，极大地促进了用户的盲目消费、快速消费，如图 3.4 所示。

图 3.4　营销界面

3.1.3　电商类App的常见视觉风格

从功能引出布局，从特征引出常见的视觉风格。电商类 App 由于是以购物为中心进行设计的，所以在风格上以扁平化风格最为常见。

在设计风格表现上，颜色占据了 80% 以上的视觉体验。因此要做好风格设计，主要需要做好界面的颜色搭配和分布。颜色是有情感的，不同的色彩能给予用户不同的印象和感受，而且不同的人群对颜色的偏好也是不一样的，所以在为 App 界面进行配色时需要考虑不同用户的喜好，体会配色给用户带来的视觉感受。

通常来说，目标用户以年轻女性为主的电商类 App 颜色上多采用更柔和、更温柔的粉红色系；以男性为主的电商类 App 颜色上一般喜欢采用商务的蓝色系、低调的棕色或者黑色系；以出售儿童产品为主的电商类 App 主要目标用户应该是年轻的妈妈们，所以其颜色仍旧偏向粉嫩，不过相对来说，风格应该更偏向沉稳；以商务人士为主的电商类 App 颜色则采用红色和蓝色系为主要视觉颜色，如图 3.5 至图 3.7 所示。

图 3.5　粉色系

图 3.6　红色系

图 3.7　蓝色系

经验总结

> 在实际项目中，设计师可以先去寻找与项目类型或目标用户相同的 App 进行参考。

选择与竞品相同风格的界面视觉风格在设计上更安全、更稳重，也更符合用户习惯，但是如果风格太过相似，则有可能会造成同质化严重、无法脱颖而出的困扰。

选择与竞品完全不同的界面视觉风格，可以起到很好的鹤立鸡群的效果，让用户很容易记住，但是由于界面风格的差异化，有可能会引起用户的混乱，令一部分用户不习惯。所以设计师在设计界面主要视觉风格的时候要格外注意。

3.1.4　电商类App的常见功能

电商类 App 的功能有很多，比如商品展示、分享功能、产品 (服务) 预订功能、购物车功能、订单功能、在线客服、即时互动、电子会员卡功能、电子优惠券功能、MAP 地图功能、LBS 定位功能、企业社区功能、满足多种需求的展示应用、自主的后台管理功能、无缝衔接功能、自定义菜单、智能回复、自定义关注时间、在线支付功能等。

由于企业需求不同，所以电商类 App 的功能并不完全一致，这里列举一些比较常见的功能：商品展示、搜索功能、购物车功能、收藏功能、订单功能、其他常见功能。

1.　商品展示

这是一个基本且十分重要的功能。电商类 App 的目的就是为了对商品进行销售。提供漂亮的商品缩略图和清晰的商品描述是商品展示功能中最重要的任务。这些商品是经过分类的，就像超市中将商品分为服装类、副食类、家电类等一样，如图 3.8 所示。也可以对某些商品开展广告促销活动。

2. 搜索功能

除了全站导航和大类页之外，搜索功能也是电商类 App 最常出现的功能之一。当用户有明确的购买清单时，提供搜索功能就显得尤为重要。除了商品关键字搜索处，搜索功能一般还包括各类排行榜搜索，例如价格排行榜、销量排行榜、好评指数排行榜等。同时有些电商类 App 还提供语音搜索、热门标签搜索等。

如果想要让用户高效地搜索商品，那么应该为用户额外提供哪些便利呢？

第一种方案是输入内容时的自动相关提示。

第二种方案是提供流行关键词的提示，能让用户及时关注一些热点产品。

当用户开始在搜索框中进行输入的时候，就开始提供智能的自动完成模式来减少输入过程，这是现在比较流行的做法，这样可以保证用户在最短的时间内完成搜索任务，如图 3.9 所示。

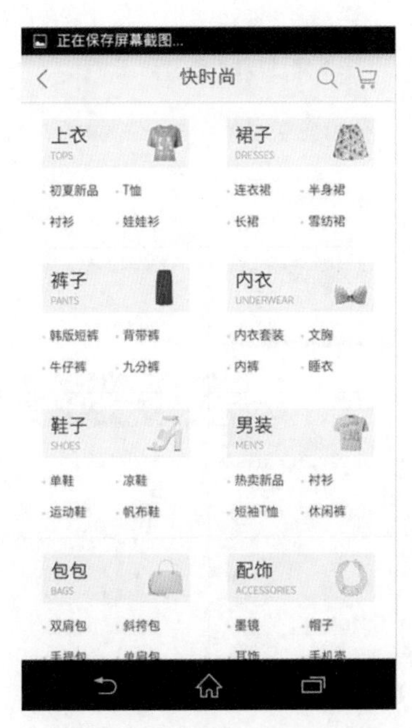

图 3.8　蘑菇街的分类页面

图 3.9　搜索功能

3. 购物车功能

（1）线下传统的购物车功能。

- 提高购买数量、提高客单价：在用户结算前提供方便的商品存储功能，解放双手，让用户可以购买更多的商品。
- 存放婴儿：大多数购物车还附带婴儿车功能，方便父母在购物的同时可以方便地照顾孩子。

（2）线上电商类 App 产品的购物车功能。

- 方便用户一次性选择多个商品。
- 了解商品的总价格。
- 充当临时收藏夹功能。
- 提供促销的最佳场所。

电商类 App 除了提供与线下传统购物流程相似的购物车功能之外，还提供了更为便捷的结账功能：立即购买。

（3）立即购买功能，如图 3.10 所示。

- 提供一次只选择一件商品的快捷支付功能。
- 省略购物车这一环节，提供更为快速购买的入口。
- 步骤少，购买快。

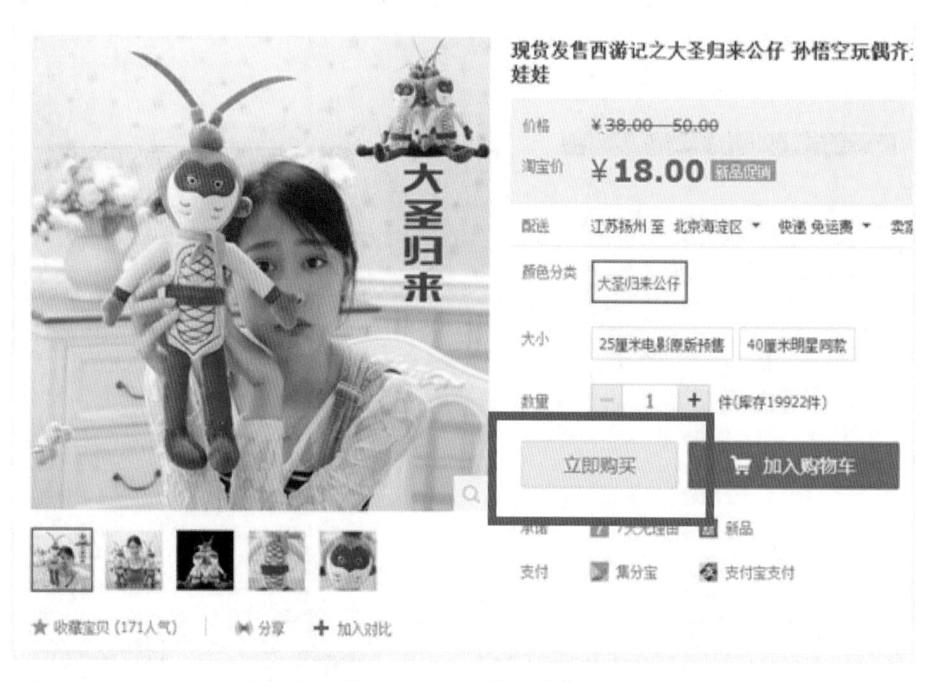

图 3.10 立即购买功能

4. 收藏功能

电商类 App 虽然是以购买为主要目标，但是它并不强迫用户立即消费，允许用户先加入收藏夹。收藏页面同时也是提供促销的一个极为有利的场所。

5. 订单功能

当用户完成购买之后，通常会提供一个列表页来显示用户已经购买商品的名称、数量和价格等主要信息，这就是订单页面。订单页可以提供再次购买的按钮，让用户更方便地进行重复购买，如图 3.11 所示。同时，在订单页提供推荐相关类目的商品也是提高转化率的好方法。

图 3.11　再次购买功能

6. 其他常见功能

（1）消息推送：不要强行将消息在不合适的时间段推送给用户。把握推送时间，可以选择在用户在线数量较多的时间段进行消息推送。

（2）扫描条形码进行价格比对：女性用户尤为喜爱这项功能。

（3）分享：在互联网时代信息呈爆炸性增长，得用户者得天下。善于分享、乐于分享也是互联网用户的主要特征之一。分享功能是所有 App 喜闻乐见的一个功能，也是最常见的功能之一。

3.1.5　电商类App的目标用户分析

使用智能手机 App 进行消费的目标用户由于年龄、性别、职业等因素存在着不小的差异，但都有以下几点相同的特征：

（1）熟练使用智能手机。

毋庸置疑，电商类 App 的载体主要是智能手机或平板电脑，熟练使用这类硬件是电商类 App 目标用户的特征之一。

（2）有随时随地进行购物的愿望和习惯。

使用手机端和在网页（电脑）端进行消费的本质区别在于使用智能手机可以实现随时随地购买商品，无论是在行驶着的地铁中还是其他移动着的环境里，它都能提供方便便捷的购买渠道，能随时随地地满足用户的购物愿望。

（3）乐于跟随时代潮流趋势。

使用电商类 App 的用户更乐于紧跟时代潮流，对新兴事物充满了热情和新鲜感，有着强烈的购买欲望，并能在第一时间将这种购买欲望转化为实质性的消费。

（4）目标用户主要以中青年为主。

年幼者虽然有熟练使用智能手机上网、娱乐的习惯，但是对于未成年人群体来说支配金钱的权限还比较小，且大都消费目的不明确。年长者大都不愿意在新型终端上消费，对于金钱的安全系数有着更高的要求。中青年人是智能手机的主要使用者，且对金钱有着独立的支配权力，是电商类 App 的主要目标用户群体。

（5）男女比例均衡、特征明显。

女性用户一方面非常容易冲动消费，另一方面又经常在究竟选择何种商品上犹豫不决，所以在针对女性用户为主要目标群体的时候，促进其在第一时间冲动消费，提供“看起来有”更多的折扣、促销是此类电商 App 的主要运营模式。

相较于数量巨大的女性用户，使用电商类 App 的男性用户也不容小觑。男性在消费过程中更理性，针对性也更强，很大一部分男性在消费之前就有了明确的目标：无论是所选商品的规格、功能还是品牌都会有一定目标性。男性消费者更看重商品的品牌，所以以男性为主要用户群体的电商类 App 可以提供更具品牌价值的商品，或者在界面风格、产品描述上体现更多的专业性和品牌价值。

3.2 蘑菇街项目——电商类 Android 手机 App 设计分析

参考视频
蘑菇街项目——电商类 Android 手机 App 设计（4）

了解了电商类 App 的相关基础知识，接下来通过蘑菇街项目不同功能界面的实际操作对该项目的需求分析、目标用户分析等做一些讲解，理论和实践相结合，以设计出用户喜欢的 App。

3.2.1 电商类App的制作流程

与大多数 App 的制作流程类似，电商类 App 也是这样一个制作流程，如图 3.12 所示：

（1）确立产品原型，进入项目评估阶段。经过反复确认，最终形成产品原型图和完整的需求文档。

（2）开始设计 UI、UE，形成初步的效果图。在经过确认后界面的效果图正式设计完成。

（3）通过编程形成正式的程序。至此，App 的制作过程就完成了一大部分，可以进入测试部进行测试。

（4）在产品经过多次测试、修改 bug 确认无误后，一个 App 制作项目就完成了，此时可以进入市场，投放使用。

有的电商类 App 为了方便买家和卖家的不同操作和常用应用菜单分别发行了买家和卖家两个版本。

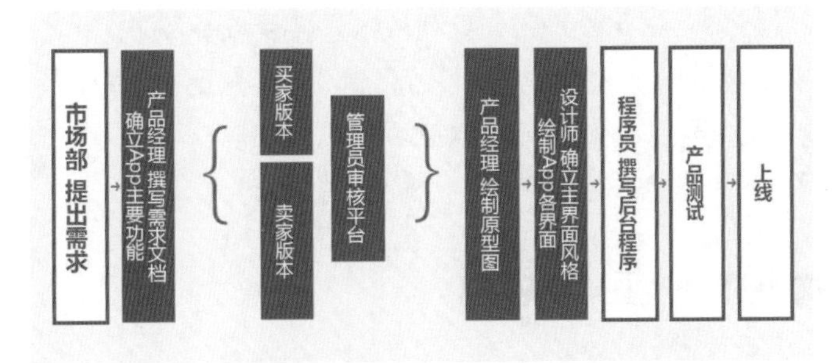

图 3.12　电商类 App 制作流程

3.2.2　蘑菇街项目需求及主要目标用户分析

1. 蘑菇街项目需求分析

由于蘑菇街已经有了成熟的网页端产品，所以手机端 App 产品无论是在风格还是在功能上，大体沿用网页端产品的特征即可，如图 3.13 所示。

图 3.13　蘑菇街网站首页截图

2. 蘑菇街主要目标用户分析

蘑菇街主要以 20 岁左右、时尚敏感度高的女生为主要目标用户，对于这个消费欲望强但消费能力不高的群体而言，在网络上淘货更具性价比。手机端 App 产品的主要用户仍旧是这一群体，并没有发生过多的变化，其特征如下：

➢ 年轻：开朗、活泼、热情、追求新潮、乐于接受新兴事物。
➢ 时尚：追求个性的同时也爱紧跟时代潮流，爱买东西。
➢ 女性：消费能力强、复购率高、用户习惯沉淀快。
➢ 爱冲动，爱分享，以社交、分享、购物为主。

3.2.3 蘑菇街项目设计规划

拿到一个项目，怎样才能把一个项目需求落实到界面布局和视觉风格上是设计师需要考虑的首要任务。一般来说，产品需求决定 App 的主要功能，由 App 的主要功能确立结构布局，由目标用户的审美偏好决定界面的视觉风格。

思考：为什么不能将成熟的 Web 端蘑菇街的功能和布局直接搬到手机端呢?

（1）手机端产品的使用场景大都是移动着的，处在不稳定的环境中，用户在使用手机端 App 时利用的大都是碎片化的时间，且任务随时有可能被打断。

（2）手机屏幕尺寸较电脑屏幕要小得多。

（3）用户使用手机时是以手指作为媒介，由此确立了最小点击区域至少要在 7 ~ 9mm 以上。用户使用电脑时是以鼠标作为媒介，所以最小点击区域都要比手指可点击区域小得多。

（4）手机端 App 界面上工具栏 / 标签栏最多能放置五个标签。如果超过五个标签，那么最后一个是“更多”标签，如图 3.14 所示。

图 3.14　标签栏

1. 整合蘑菇街 Web 端产品的核心功能

既然是从成熟的网页端产品出发，那么设计和制作手机端 App 的第一步就是罗列网页端产品的主要功能并对其进行筛选，整合和确立手机端产品的功能。

根据项目需求对主要功能进行筛选，筛选出符合手机端产品特征的功能。这一部分工作主要是由产品经理来实施，在实施过程中需要与各方领导进行协商，确立一期上线的主要功能，如图 3.15 所示。

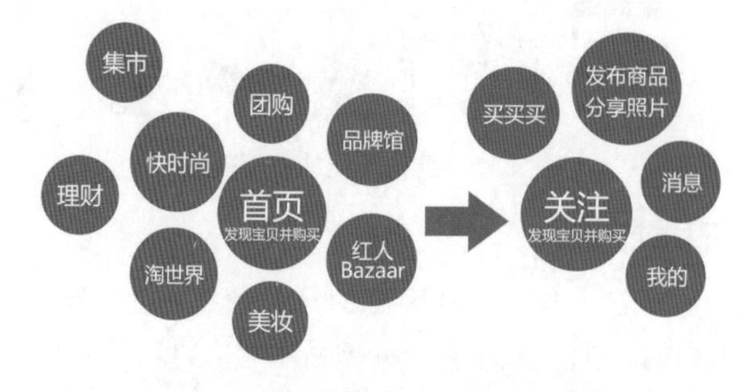

图 3.15　确立手机端 App 的主要功能

2. 确立布局结构

确定了手机端 App 的主要功能，设计师就可以由功能出发绘制界面的布局结构。这里提供了几个比较不错的确立布局结构的方法和注意事项。

（1）从功能引出布局结构。

- 功能的重要程度决定显示信息的优先级次序。
- 把重要的元素和核心功能放在页面前端和重心位置。
- 将其他次要功能放在“发现”或“更多”按钮里面。
- 简化、删除或合并其他次要信息。
- 增强用户体验与交互，让用户更关心的内容显示在页面的主要区域中。

（2）扁平化布局。

- 尽可能让用户以最少的步骤找到自己的任务。
- 在各个页面不断重复核心功能。

（3）整体布局规划。

- 将用户常用的页面放置在屏幕下面的标签栏。
- 重要的功能（购物车）一直固定在屏幕右上角的快捷功能键位置。
- 将其他功能和页面放在“更多”按钮（侧边栏）里面。

（4）让用户知道自己在哪里。

- 一级页面底部用颜色明确标出用户所在的位置。
- 统一标准：二级页面顶部导航栏中，左侧为返回按钮。

蘑菇街主要界面功能布局如图 3.16 所示。

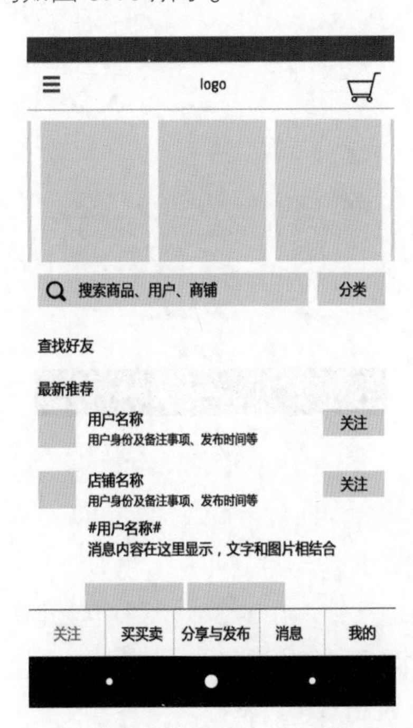

图 3.16　蘑菇街关注页（主界面）原型图

3. 确立设计风格

- 视觉风格保持与网页端产品相统一，主体颜色采用粉红色（#ff4466），体现时尚元素，彰显年轻个性。
- 使用默认字体，强调规范下的美学。
- 图标：使用极简主义线条，简单、秀气、时尚，且文件体积较小，有利于用户下载安装。

3.2.4 实战案例——蘑菇街手机App关注页界面设计

1. 界面设计要求

（1）尺寸：1080*1920px 或按照测试机实际尺寸进行设计。

（2）分辨率：72dpi。

（3）中文字体：微软雅黑；英文字体：Roboto。

蘑菇街关注页界面如图 3.17 所示。

图 3.17　蘑菇街关注页界面

2. 案例重点解析

（1）使用更适合设计尺寸的网格系统。

如果使用 xxhdpi 作为画布尺寸，1dp=3px，则应该建立 8dp（24px）的网格系统进行参考，最小点击区域为 48dp（144px）。

（2）选择更符合项目需求的占位图片。

占位图片的选择虽然对最终上线的界面没有实质性的影响，但是对于一个高保真界面来说，占位图片的选择有时候直接影响着整张界面最终的视觉风格与定位，所以占位图片的选择是至关重要的。选择占位图片时，在保证图片清晰、美观的前提下，要选择那些符合主要目标用户心理预期及产品定位的图片。销售母婴产品的 App 其占位图片一般会选择带有婴儿产品的图片，以年轻女性为主要目标用户的蘑菇街占位图片大都会选择模特儿的摄影图片，如图 3.18 和图 3.19 所示。

图 3.18　母婴类 App 界面中的占位图

图 3.19　食品销售类 App 界面中的占位图

（3）善于使用对齐和平分选项。

对于屏幕尺寸较小的手机端界面设计来说，极少量的错位也很容易引起用户的注意，所以要严格对所有的图片、文字等进行平分和对齐。在 Photoshop 中使用选择（移动）工具后，可以轻松地在界面上方找到对齐和平分工具，如图 3.20 所示。

图 3.20　对齐和平分工具

3.2.5 实战案例——蘑菇街手机App购买（买买买）页界面设计

1. 界面设计要求

（1）尺寸：1080*1920px 或按照测试机实际尺寸进行设计。

（2）分辨率：72dpi。

（3）中文字体：微软雅黑；英文字体：Roboto。

蘑菇街购买（买买买）页界面如图 3.21 所示。

图 3.21 蘑菇街购买（买买买）页界面

2. 案例重点解析

（1）界面上如果反复出现同一个元素，那么可以将重复的元素进行整理，然后转化为智能对象图层。这样可以大大降低设计师的工作量，节省工作成本和时间。

（2）在界面上使用小图片代替图标使用时，请注意摄影图片要保持清晰、美观，注意选择光源统一、风格一致、角度相同、明暗度区别不大的小图片。

（3）文字的重要性要在颜色、大小上加以强调和区分。界面中使用最多的除了图片就是文字了。文字比重上的不同决定了它们在大小、颜色、位置上的区别，如图 3.22 所示。

（4）当图片或图标尺寸小于 48dp 时，切图时只需要将四周边缘多切一些透明像素，保证它的热区尺寸在 48dp 以上即可，如图 3.23 所示。

图 3.22　文字区别

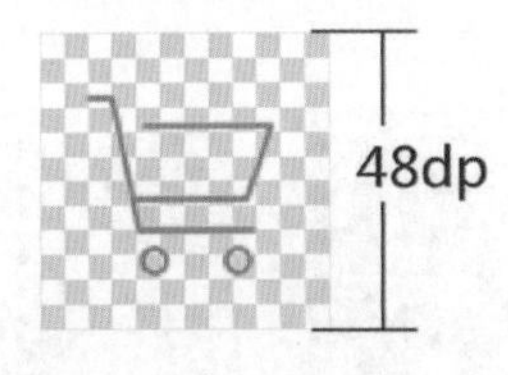

图 3.23　图标热区

3.3　启动页与引导页的技巧及方法

参考视频
蘑菇街项目——电商类 Android 手机 App 设计（5）

在启动 App 时，一般在程序完全启动之前会有一张或几张含有 Logo 或阐述性信息的图片，这些图片叫做启动页或引导页。

3.3.1　启动页、引导页概述

1. 引导页概述

引导页是用户在首次安装或者在更新之后打开 App 时呈现的用户“说明书”，阐述的内容包括功能说明、情感诉求、整体概括等，目的是希望用户在最短的时间内了解这个 App 的主要功能或情感寄托。一般来说，引导页不会超过 5 页，一般以屏幕下方水平分布的小圆点来表示，如图 3.24 所示。

图 3.24　引导页

根据引导页的目的、出发点不同可以将引导页分为：

（1）使用说明：引导新用户正确使用 App，如图 3.25 所示。

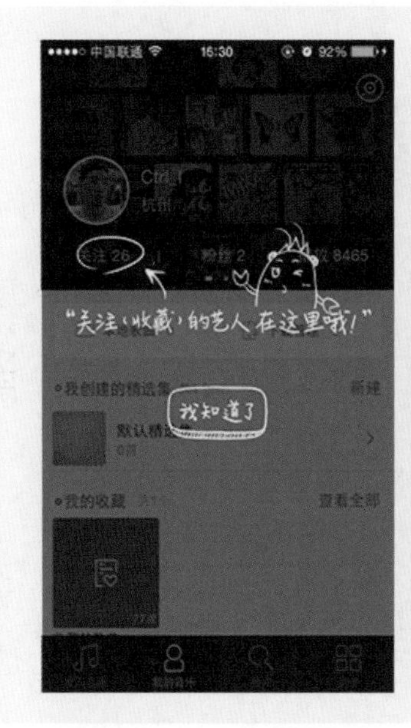

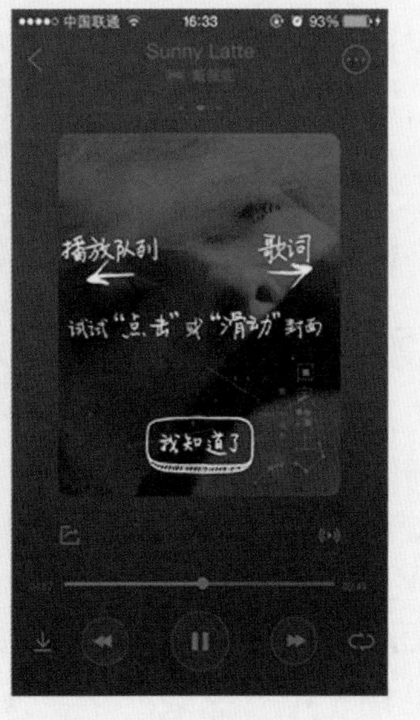

图 3.25　使用说明

（2）功能介绍：展示核心功能或特色功能，如图 3.26 所示。

图 3.26　功能引导

（3）节日、庆典：侧重节日、庆典的情怀，如春节、端午节等，通常在节日当天出现，第二天取消，如图 3.27 所示。

图 3.27　春节主题界面

图 3.27　春节主题界面（续图）

（4）烘托气氛：引起情感上的共鸣如图 3.28 所示。

图 3.28　烘托气氛

（5）企业品牌展示：一般表现为公司 Logo 展示、App 启动图标展示、宣传语展示等，如图 3.29 所示。

图 3.29　企业品牌展示

（6）近期推荐活动：短期之内的推荐活动等，如图 3.30 所示。

图 3.30　近期活动界面

2. 启动页概述

当应用程序被用户打开时，在程序启动过程中被用户所看到的过渡页面（或动画）都被我们统称为启动页。由于启动页在每次打开应用时都会出现，并且往往停留很短的时间，就像闪现的效果一样，所以也有人把启动页称为闪屏。

Android 系统对启动页并没有太过详细的描述，而设计更为严谨、用户体验更加深思熟虑的 iOS 系统对 iOS 启动页有着明确的的设计说明："为了增强应用程序启动时的用户体验，您应该提供一个启动图像。启动图像与应用程序的首屏幕看起来非常相似。当用户在主屏幕上点击您的应用程序图标时，iOS 会立即显示这个启动图像。一旦准备就绪，您的应用程序就会显示它的首屏幕来替换掉这个启动占位图像。请记住，启动图像并不是为您提供机会进行艺术展示，它完全是为了增强用户对应用程序能够快速启动并立即投入使用的感知度。"

从以上 iOS 官方论据来说，启动页的主要作用如下：

（1）启动图像并不是艺术展示：设计师要根据启动之后的第一个页面进行相关设计，而不是天马行空地进行创作和发挥。

（2）它是为了让 App 看起来非常快速地启动：使用启动图像的目的是为了要让 App 看起来更快地启动，所以启动页图片的大小要进行极限压缩，不能为了加载启动页而让整个 App 更慢速度地运行。

（3）快速启动的假图片：启动图像是一张"假图片"，程序并不是真正已经开始运行了，由于启动图像和 App 程序运行的第一个界面极为相似，所以造成了 App 已经迅速启动的假象。如图 3.31 所示为 iOS 系统原生 App 的启动图像。

图 3.31　iOS 系统天气

3. 启动页、引导页的异同

虽然启动页和引导页都是在 App 启动之前出现的界面，但是它们在设计时还是存在很大差异的，设计师要了解启动页与引导页的差异才能在设计时更好地展示它们。

（1）出现方式不同：建议只有在初次使用或者更新后才提供引导页。如果 App 在设计时需要启动页，那么启动页在每次启动的时候都会出现。

（2）消失方式不同：启动页只出现几秒钟的时间，而且会自动消失，而引导页一般需要手动点击翻页才会消失。

（3）数量不同：启动页只有一页，引导页的数量一般不超过五页。

（4）功能不同：只有引导页才会带有功能引导的作用，而启动页出现时间短，不提供功能引导的作用。

3.3.2 启动页、引导页的设计原则

1. 启动页的设计原则

启动页的存在意义在于让 App 看起来已经快速启动了，提供一个快速启动的假图片，所以在设计启动页的时候一定要极限压缩图片大小，让 App 看起来已经在运行了。不过当启动页进入国内本土市场的时候，启动页更多地成为了品牌展示的场所，如图 3.32 所示。虽然这违背了启动页存在的原则，不过这确实是一种常见的启动页展示的方式。

图 3.32　启动页在本土 App 中的体现

启动页在设计的时候为了和 App 启动后的第一个界面保持一致，因此要避免出现动态数据，避免在图像上出现错位现象，如图 3.33 所示。

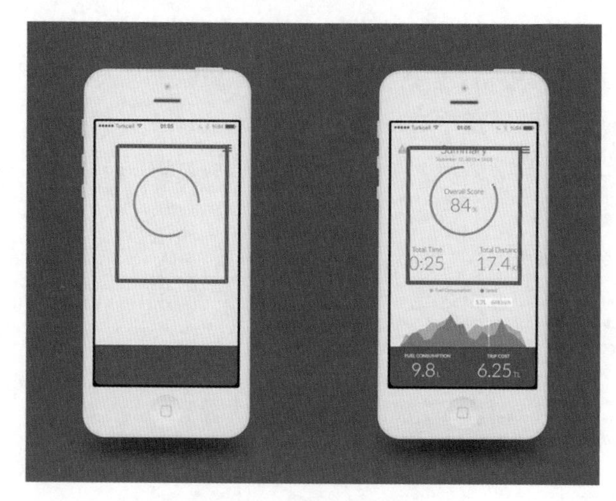

图 3.33　避免动态数据

2. 引导页的设计原则

（1）控制篇幅：引导页虽然数量上多于启动页，但是也要限制篇幅，数量不多于五页。设计师在设计的时候要做到精简内容、合理使用。数量过多的引导页容易引起用户反感，所以一定要选择合适的展示内容。

（2）精挑细选，避免版权问题：引导页是 App 启动之后展示给用户阅读的第一个页面，所以在画面上要做到赏心悦目、精修细作。这就要求设计师在文案和图片的选择上要做到精益求精，避免图片模糊、粗糙，同时也要考虑图片、文字、字体的版权问题，避免由于版权问题而引发纠纷。

（3）控制字符数量：对于文案人类在短时间内能够记忆的字符一般不超过 9 个，超过 9 个的字符是很容易被遗忘的，所以引导页中的文字要进行精简，避免文字过多，尽量使用短句、短词、短文案。

（4）精修文案：除了控制文案字符的数量之外，引导页中的文案还要做到紧跟时代潮流，使用符合现代思维的流行语或者口头禅能更好地引起用户的共鸣，如图 3.34 所示。

（5）着重强调，重点突出：在有限的空间内展示更优质的内容，设计师要把握内容的轻重，在设计上有所强调、有所突出，可以在颜色上区别对待，在尺寸上有所差别，前后景纵深交错，结构上指向明确，做到有焦点、有突出。

（6）创意无处不在：在现有的引导页模式下提供更有趣的创新玩法。

- 更换切屏方式。
- 提供视频。
- 提供语音。

创新了的交互方式要简单易懂，并在界面设计中要提供明显的隐喻线索，让这种新的交互方式容易习惯，否则会引起用户的反感和混乱。如果启动页摒弃了传统的左右翻页而采用上下翻页，那么在界面设计上要提供更多的隐喻，例如上下箭头等，如图 3.35 所示。

图 3.34　突出文案

图 3.35　上下滑屏

3.3.3 实战案例——蘑菇街App引导页设计

为蘑菇街手机 App 制作引导页，如图 3.36 所示。

图 3.36　最终效果图

1. 设计要求

（1）尺寸：1080*1920px 或者按照测试机尺寸进行设计。

（2）分辨率：72dpi。

2. 案例解析步骤

（1）新建画布。将主要内容区域用辅助线分隔开，如图 3.37 所示。

（2）确立主要界面的布局和颜色，确立文本内容，如图 3.38 所示。

（3）使用钢笔工具绘制界面下方的波浪，使用图层样式叠加渐变颜色，如图 3.39 和图 3.40 所示。

（4）绘制 vacation 字样，选择比较粗的字体，然后使用图层剪切工具对文字部分进行颜色的叠加与分割，如图 3.41 和图 3.42 所示。

图 3.37　新建画布

图 3.38　确立布局

图 3.39　波浪

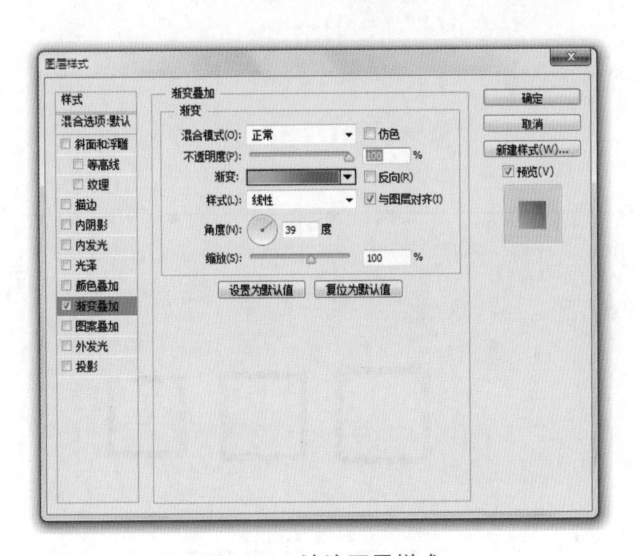

图 3.40　波浪图层样式

VACATION

图 3.41　绘制字体

（5）对人物进行抠图并将其拖拽到文件中，增加文字并调整到合适的大小和位置。

（6）绘制一个矩形放置在人物图层下面，将透明度降至 0%，然后为矩形增加图层样式，使用内部描边，描边样式选为渐变叠加，如图 3.43 和图 3.44 所示。

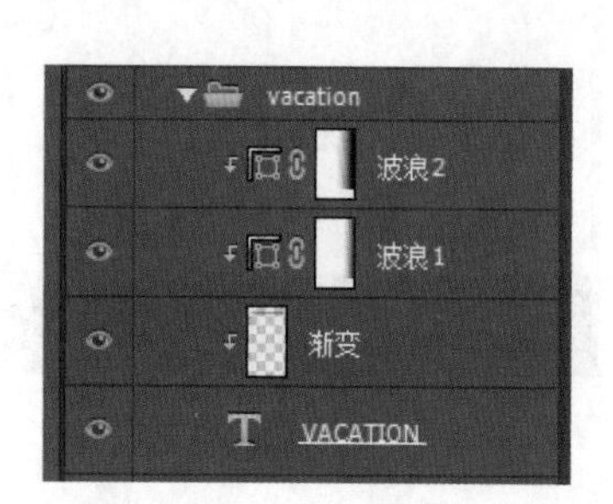

图 3.42　图层

图 3.43　绘制矩形框

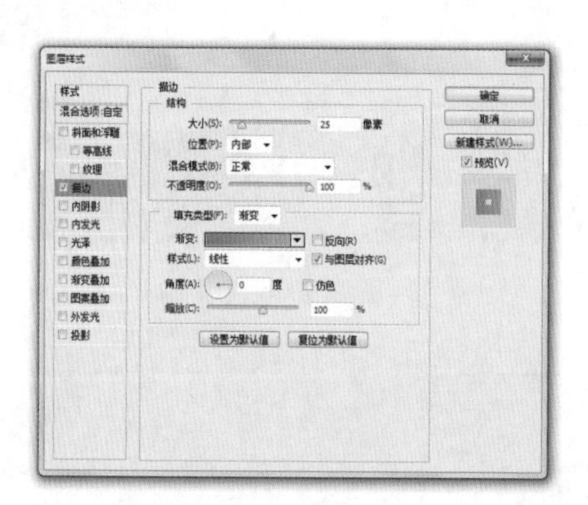

图 3.44　图层样式

在图层样式的描边选项中，使用默认的外部描边对矩形进行描边时，描边效果是一个圆角矩形框；使用内部描边时，描边效果居于矩形的内部，得到的是一个方形的矩形框，如图3.45所示。

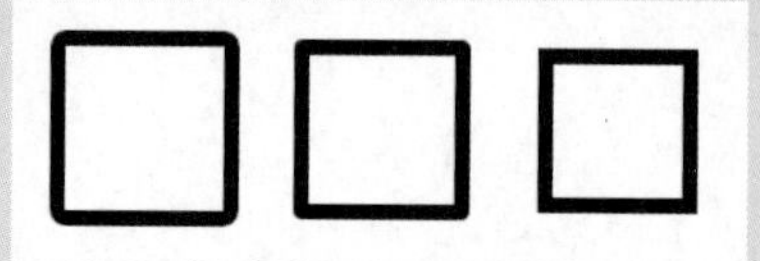

图 3.45　对矩形进行外描边、描边居中、内描边的效果

（7）调整细节，完成引导页的制作，如图 3.46 所示。

图 3.46　蘑菇街引导页界面设计

本章总结

- 电商类 App 从功能上可以分为：网购类、二手交易类、移动支付类、购物分享类、团购类、比价和折扣查询类、其他。从商务模式又可以分为 B2C、B2B、C2C、O2O。
- 电商类 App 存在以下特点：实现更方便的购物渠道和流程，拥有数量巨大的用户购买人数，提供价格更低廉、数目更巨大的商品，拥有超强的营销意识。
- 从功能引出布局，从特征引出常见的视觉风格。电商类 App 由于是以购物为中心进行设计的，所以在风格上以扁平化风格最为常见。
- 引导页的目的是希望用户在最短的时间内了解这个 App 的主要功能或情感寄托。一般来说，引导页不会超过五页。
- 启动页的目的是让 App 看起来已经快速启动了，在设计启动页的时候一定要极限压缩图片大小。

学习笔记

本章作业

规划和设计一个儿童产品购物类App。

设计要求：

（1）所完成的App功能、布局和视觉风格与Web端产品相符，界面设计符合目标用户的审美偏好。

（2）尺寸按照测试机或自己手机的尺寸进行设计。

（3）设计内容包括：启动图标、启动页、引导页、首屏页面、购物页面。

（4）对页面进行切图：注意哪些需要进行点9切图，哪些只需要普通切图。

（5）参考网站：当当母婴频道（http://baobao.dangdang.com/）、好孩子（http://www.haohaizi.com/）和乐友孕婴童（http://www.leyou.com.cn/）。

作业讨论区

访问课工场UI/UE学院：kgc.cn/uiue（教材版块），欢迎在这里提交作业或提出问题，你将有机会跟课工场的专家以及共同学习本书的小伙伴一起探讨切磋！

第4章

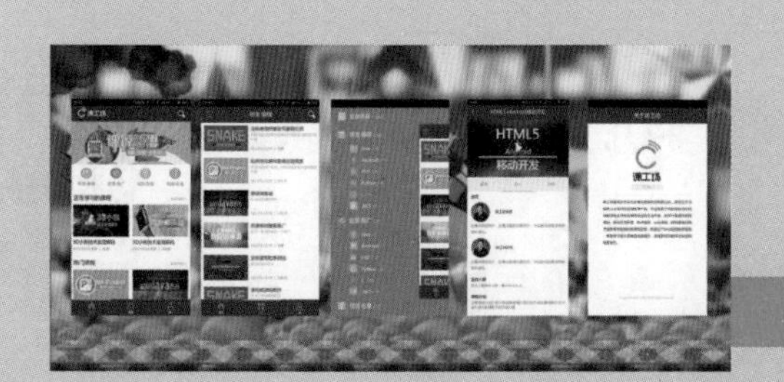

课工场项目——教育类iOS手机App设计（一）

● 本章目标

完成本章内容以后，您将：

- 了解课工场项目——教育类iOS手机App设计需求。
- 掌握iOS系统手机界面设计规范。
- 掌握iOS系统图标设计的原则与规范。
- 掌握iOS系统标注规范与技巧。

● 本章素材下载

- 请访问课工场UI/UE学院：kgc.cn/uiue（教材版块）下载本章需要的案例素材。

本章简介

众所周知，iOS 系统是由苹果公司开发并应用于 iPhone、iPod touch 和 iPad 等手持设备的操作系统。iOS 系统的操作界面精致美观、稳定可靠、简单易用，受到全球用户的青睐。iOS 系统有着数量庞大的 App 作为对软件的支持。

本章将介绍有关 iOS 系统手机 App 的界面元素与图标设计的规范和原则。了解了 iOS 系统的手机 App 界面和图标的基础知识后，本章会扩展延伸，讲解如何对界面进行标注。

4.1 课工场项目——教育类 iOS 手机 App 设计需求概述

参考视频
课工场项目——教育类 iOS 手机 App 设计（1）

随着移动互联网的快速发展，移动在线教育类 App 在日益强烈的市场需求下大批涌现在人们的视野中。课工场作为新兴在线教育类产品的弄潮儿在逐步扩大 Web 端产品的同时，也着手进军手机 App 市场。

4.1.1 项目名称

课工场项目——教育类 iOS 手机 App 设计

4.1.2 项目定位

科技日益发展，互联网引领时代改变着人们的生活方式，与此同时，人们接收与反馈信息的方式发生巨大变化，学习模式也正在发生改变。这让人不得不把目光驻足在教育类 App 上。

教育类 App 以其便捷性、经济性、灵活性吸引了越来越多的用户。移动教育市场迅速被越来越多的商家看好。课工场已经拥有成熟的 Web 端产品，现在也面临着如何迅速占领手机端 App 市场的考验。课工场手机 App 界面如图 4.1 所示。

4.1.3 课工场企业背景

课工场是专注于互联网人才培养的在线教育平台。该平台聚集了来自知名培训机构的顶级名师和互联网企业的行业专家，为学习者提供编程基础、移动应用开发、PHP 编程、Web 前端、网络营销、电子商务和 UI 设计等丰富的在线课程资源，并通过 7*24 小时的教学服务帮助学习者从零基础迅速提升，增强其在互联网行业的职场竞争力。随着互联网的不断发展和智能手机教育类 App 的迅猛崛起，公司决定开发课工场手机端 App。Web 端课工场产品截图如图 4.2 所示。

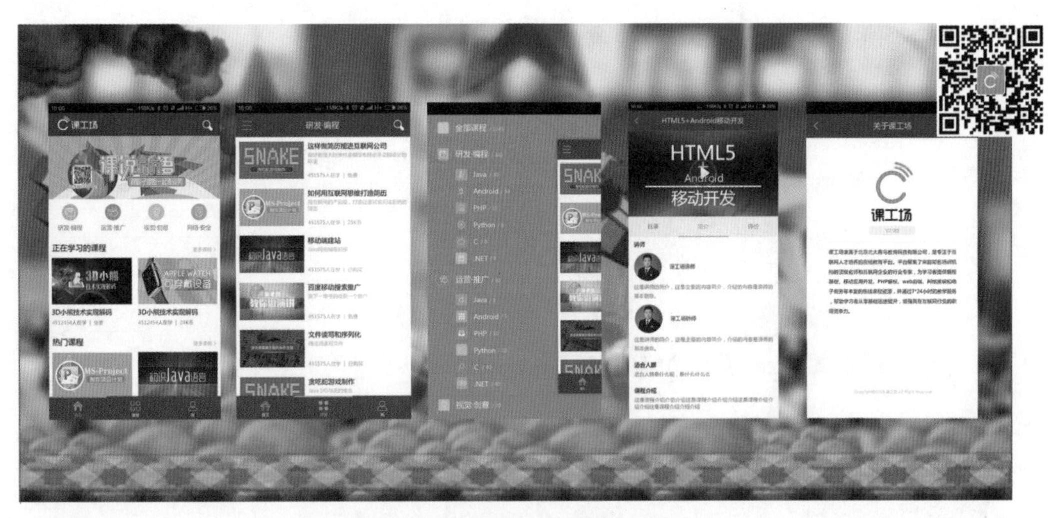

图 4.1　课工场手机 App 界面展示

图 4.2　课工场网页截图

4.1.4　课工场App项目需求

作为课工场网页端产品的衍生品，课工场手机端 App 希望能成为广大用户的学习平台，同时凭借智能手机充分利用用户的碎片时间，让用户随时随地都能完成学习。

1. 课工场手机端 App 项目设计要求

- 设计并制作符合 iOS 系统规范的 App 界面。
- 符合手机端用户的使用习惯和审美偏好。
- 符合教育类 App 的特点。
- 产品功能与风格以课工场网页端为主要参考。
- 设计并绘制课工场 App 主界面和二级页面等。
- 对完整的设计作品进行标注。

2. 课工场手机端 App 项目功能要求

- 登录界面。
- 全部课程界面。
- 我的课程界面。
- 课程详情界面。
- 笔记界面。
- 设置界面。

4.1.5 课工场App风格要求

如今，移动 App 扁平化设计是移动 UI 设计发展的必然趋势。课工场 App 扁平化风格明显，采取细边框或无边框，以绿色和白色作为主打色，风格统一、布局清晰、引导性强。

4.2 iOS 系统手机界面设计规范

参考视频
课工场项目——教育类 iOS 手机 App 设计（2）

iOS 系统是由苹果公司开发的移动操作系统。苹果公司最早于 2007 年 1 月 9 日的 Macworld 大会上公布了这个系统，最初是设计给 iPhone 使用的，后来陆续套用到 iPod touch、iPad、Apple TV 等产品上。原本这个系统名为 iPhone OS，直到 2010 年 6 月 7 日 WWDC 大会上宣布改名为 iOS。各种 iOS 系统产品如图 4.3 所示。

iOS 系统 具有精致美观、简单易用的操作界面，数量惊人的应用程序，以及超强的稳定性，使其成为 iPhone、iPad 和 iPod touch 的强大基础。尽管其他竞争对手一直努力地追赶，但 iOS 内置的众多技术和功能让 Apple 设备始终保持着遥遥领先的地位。iOS 标志如图 4.4 所示。

现在，iPhone 手机成为白富美的代名词，充斥着国内的主要智能手机市场，如何设计出符合 iOS 系统平台规范的手机界面成为设计师们的必修课。

图 4.3　各式各样的 iOS 系统产品

图 4.4　iOS 标志

4.2.1　iOS系统界面尺寸和分辨率

iOS 系统手机设计规范更为严格，相较于 Android 系统手机界面各栏的高度可以通过程序自定义，iOS 系统设计上的严苛要求设计师更加谨慎。

1. iOS 系统手机界面尺寸和分辨率

随着 iOS 系统手机版本的更新迭代，设计师需要牢记的数值也越来越多。表 4.1 所示为目前市面上比较常见的几款 iOS 系统手机界面尺寸。

表 4.1　常见 iOS 系统手机界面尺寸

设备	分辨率（像素）
iPhone 6 plus	1080*1920
iPhone 6	750*1334
iPhone 5/5C/5S	640*1136
iPhone 4/4S	640*960
iPhone & iPod touch 第一代、第二代、第三代	320*480

在实际项目中，设计师基本上不会为每一种分辨率单独设计一套 UI 界面。大多数情况

下都是在某一个基础上进行设计，然后再为与其他尺寸适配而进行界面上的放大或缩小。

所以我们在设计上可以考虑采用 iPhone 6 或 iPhone 6 plus 的尺寸进行设计，即画布尺寸为 750*1334px 或 1080*1920px，分辨率使用 72dpi。

经验总结

在实际工作中，如果项目要求对 iOS 和 Android 都要进行设计，那么设计师可以从 1080*1920px 这个尺寸开始设计，因为这个尺寸无论是 iOS 还是 Android 系统的手机都有，所以只需要设计一版，其中心区域的显示内容基本上是完全一致的，设计完全之后再根据两系统上下栏高度的差异重新进行调整。

2. iOS 系统中的栏

iOS 系统手机界面中的栏主要有：状态栏、导航栏、标签栏、工具栏。每个栏都有自己独特的外观、功能和行为，主要传达与上下文情景相关的信息，展示用户在应用中所处的位置，同时还包含相关的导航功能。它们在功能上几乎与 Android 系统的栏是一致的，只是在原生 App 界面中存在少许差异。以 750*1334px 分辨率为例的栏高如图 4.5 所示。

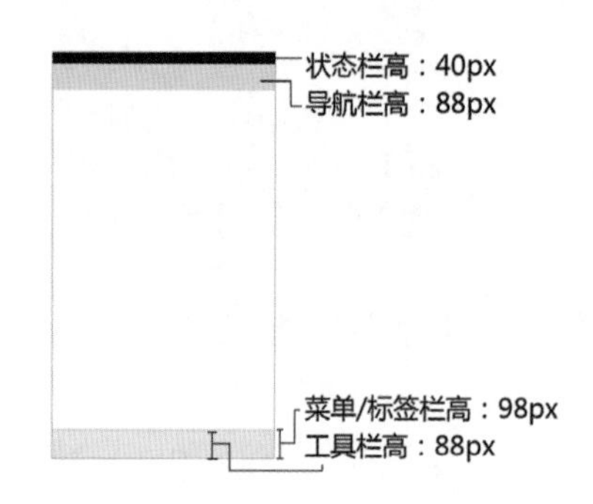

图 4.5　iOS 系统的栏

（1）状态栏：显示在屏幕的最上方，栏中包含信号、运营商、电量等信息，如图 4.6 所示。当运行游戏程序或全屏观看媒体文件时，状态栏会自动隐藏。

图 4.6　状态栏

（2）导航栏：显示当前界面的标题信息，包含相应的功能或者页面间的跳转按钮，如图 4.7 所示。

图 4.7　导航栏

（3）标签栏：又叫菜单栏，类似页面的主菜单，用于切换视图、子任务和模式，提供整个应用的分类内容的快速跳转，如图 4.8 所示。

图 4.8　标签栏

（4）工具栏：放置一些与当前界面视图相关的操作按钮，用来操纵当前视图的内容，如图 4.9 所示。

图 4.9　工具栏

标签栏提供标签之间的切换。工具栏提供当前页面的功能，并不起到标签切换的作用，在高度上也与标签栏有所区别。

iOS 系统各分辨率下的栏高如表 4.2 所示。

表 4.2　iOS 系统各分辨率下的栏高

设备	分辨率（像素）	状态栏高度（像素）	导航栏高度（像素）	标签栏高度（像素）
iPhone 6 plus	1080*1920	54	132	146
iPhone 6	750*1334	40	88	98
iPhone 5/5C/5S	640*1136	40	88	98
iPhone 4/4S	640*960	40	88	98
iPhone & iPod touch 第一代、第二代、第三代	320*480	20	44	49

从表 4.2 中可以看出，iPhone 6 与 iPhone 5 的状态栏、导航栏、标签栏高度完全一致，只是在整体区域和中心区域上存在差异，所以设计师在设计 iOS 系统手机界面时，采用这两种尺寸在设计上几乎没有差别。

经验总结

对于到底从哪一个尺寸开始设计 iOS 系统手机界面这个问题，每个公司的要求不尽相同，一般来说都是从以下几个尺寸入手的：

- 750*1334px 或 640*960px：因为其各个栏的高度完全一致，对于向上或向下适配都能很好地实现。
- 1080*1920px：与 Android 系统手机界面尺寸重合，所以在双系统都要进行设计的前提下这是个不错的选择。
- 测试机尺寸：根据实际情况来进行设计，更有利于测试与预览。
- 具体问题具体分析，建议征求产品经理或设计师前辈们的意见，然后再进行设计。

3. iOS 系统的按钮与可点击区域

（1）按钮与可点击区域的最小尺寸。

在 App 界面中，最常见的控件就是按钮，那么该选用多大的按钮呢？iOS 系统手机 App 界面设计标准中并没有对按钮的尺寸进行严格的规定。设计师在设计的时候到底设计多大尺寸的按钮才最合适呢？

对于触屏设备用户来说，面积小的目标比面积大的目标更难令人操纵，所以在设计时触控目标一定要充分的大，大到足以让用户操作自如。

Apple的iPhone Human Interface Guidelines推荐触控目标的最小尺寸为44*44 px；Google的Android Design建议7～10mm是比较理想的尺寸；Microsoft的Windows Phone UI Design and Interaction Guide中推荐的最小触控目标尺寸为7*7mm（26*26px），理想的尺寸为9*9mm（34*34px）；Nokia的开发指南建议目标尺寸应该不小于10*10mm（28*28px）。

虽然每个设计文档都给出了可触碰区域大体的设计尺寸，但是仍旧存在或多或少的差异，设计师在实际操作中，一般使用 7 ～ 9mm 这个尺寸作为可点击区域的最小尺寸，在 Photoshop 中一般以 44*44px 为可点击区域的最小尺寸。小于 44*44px 的图片需要在周围留出足够的透明像素，如图 4.10 所示。

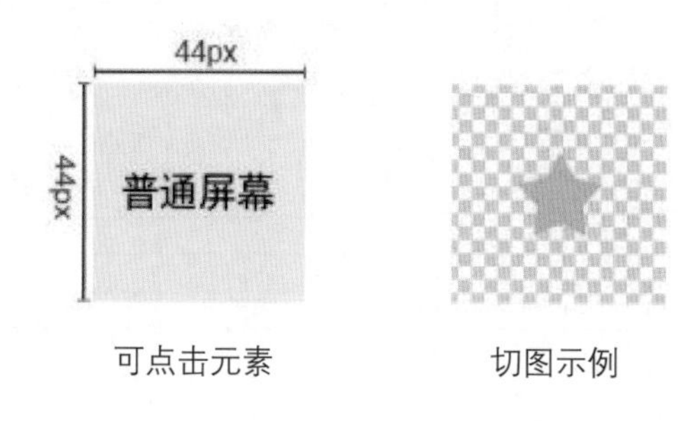

图 4.10　可点击区域最小尺寸

如果确实由于空间有限，必须要缩小按钮或可点击区域的尺寸，可以在增大其中一条边长的前提下适当缩减另一条边的尺寸，以方便用户更容易地进行操作。

（2）按钮在 4 种状态下的样式。

网页端界面与手机端 App 界面在交互上存在差异，所以其按钮的状态也是不同的，如图 4.11 和图 4.12 所示。

图 4.11　网页端按钮常见状态　　　图 4.12　手机端按钮常见状态

网页中的按钮存在悬浮状态，而手机界面中的按钮并没有悬浮状态，在设计的时候要格外注意。

注意

由于在使用手机端产品的按钮时，手指很容易就把按钮状态覆盖了，所以在设计手机端界面中的按钮时，其选中状态要更加明显，这样用户在使用手指进行操作的时候才能更清楚地看见按钮状态上的变化。

4.2.2 iOS系统字体与字号

iOS 系统的默认英文字体是 HelveticaNeue，iOS 9 使用的默认中文字体是苹方，如图 4.13 所示，之前版本使用的中文字体是华文细黑。在界面设计时选用这两种中文字体来进行设计都是可以的。

全新的系统字体
全新设计的中文系统字体名为"苹方"。它具有现代感的外观和清晰易读的屏幕显示效果，并同时支持简体中文和繁体中文。
果 果 果 果 果 果

图 4.13 苹方字体

注意

随着时间的推移，无论是iOS系统还是Android系统，其视觉风格、设计规范、界面尺寸及字体都会发生变化，设计师要留意并时刻关注双系统的版本迭代。

界面中使用文字的时候，第一要务是要保证文字的识别度。为保证适配方便，尽量使用双数字号。设计师可以通过文字的颜色、大小、所占比重来进行强调和区分。

经验总结

使用 640*960px 尺寸进行界面设计时，推荐字号如表 4.3 所示，效果如图 4.14 所示。

表 4.3 640*960px 界面的推荐字号

用途	像素
巨大的标题	88
导航栏、模块、栏目名称	36
正文	28
图标上的标签数字	18

表格中的数据为参考值，并不是规范要求。

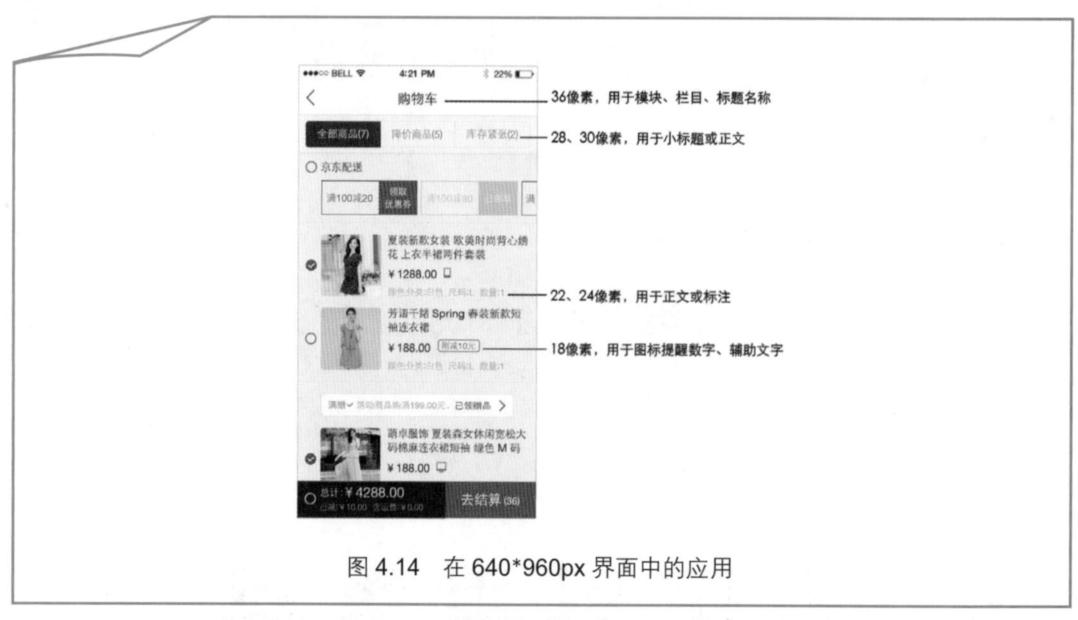

图 4.14　在 640*960px 界面中的应用

如果使用 1080*1920px 这个尺寸进行界面设计，字号的选择可以参照 Android 系统界面字号建议值。文字字号的选择并没有一个固定值，只要保证用户可以轻易地识别和分辨出来，观看的时候没有过多压力就可以了。

4.3　iOS 系统图标设计尺寸及规范

4.3.1　iOS系统图标设计尺寸

为考虑适配，iOS 系统的启动图标也存在着许多数值，如表 4.4 所示，各图标尺寸如图 4.15 所示。

表 4.4　iOS 系统的启动图标尺寸

尺寸（px）	用途
512*512	Ad Hoc iTunes
57*57	iPhone/iPhod touch 的 App Store 和主屏幕
114*114	高分辨率的 iPhone 4 主屏幕
72*72	主屏幕，为了兼容 iPad
29*29	Spotling 和设置 App
50*50	Spotling，为了兼容 iPad
58*58	高分辨率的 iPhone 4 的 Spotling 和设置 App
1024*1024	在 App Store 商场显示

图 4.15　图标尺寸

设计师在设计的时候，一般从最大尺寸即 1024*1024px 开始设计，尽量使用矢量图层或矢量软件进行绘制，因为启动图标除了在 App Store 进行展示外，还可能会进行印刷。

注意

从2012年7月开始，使用高清图标已经成为苹果公司的强制政策，所有的iOS操作系统平台上的应用必须采用高清标准的图标，也就是说向苹果App Store提交的应用程序必须使用分辨率为1024*1024px的图标，否则无法通过苹果公司的审核。建议设计师采用1024*1024px尺寸进行设计绘制，程序员会根据需求进行缩放。通常情况下屏幕显示分辨率只需要72dpi。如果要进行印刷，分辨率应设置为300dpi。

4.3.2　iOS系统图标设计规范

iOS 系统启动图标采用圆角矩形来表现，规定光源在图标的顶部。设计师在设计时，可以将 Photoshop 中图层样式的光源统一成 90 度，如图 4.16 所示。

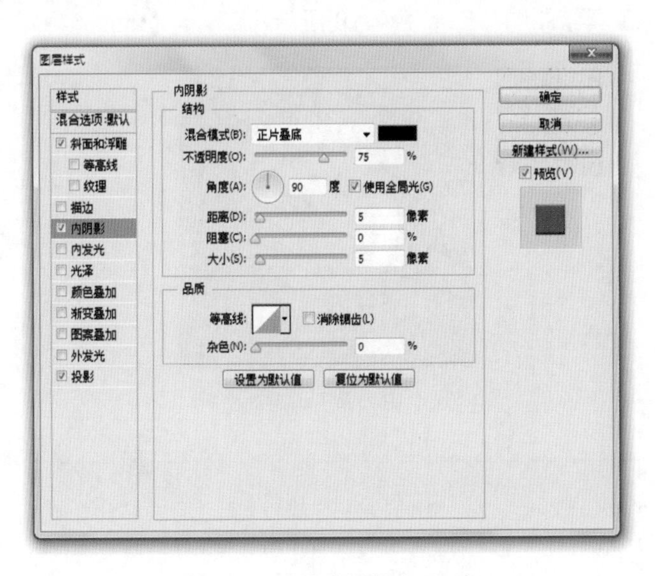

图 4.16　全局光设置为 90 度

设计师在设计的时候，半圆形的高光和圆角部分是不需要进行设计的，这部分高光是通过程序来实现的，如图 4.17 所示。

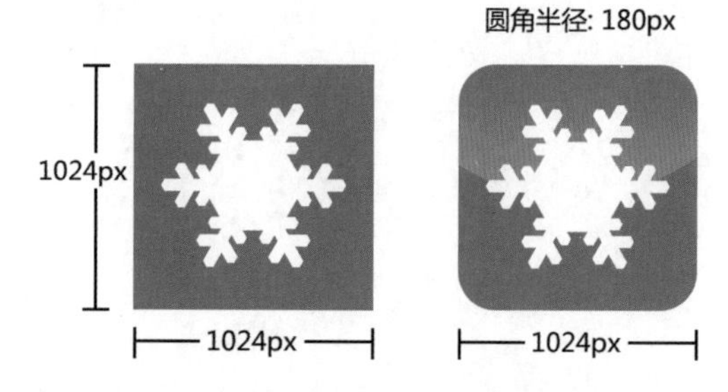

图 4.17　启动图标的绘制效果与实际显示效果

4.3.3　实战案例——为课工场设计iOS系统启动图标

经过以上内容的学习，下面我们来实际操作为课工场设计 iOS 系统启动图标。

1. 项目需求

（1）为课工场 App 制作启动图标。
（2）尺寸：1024*1024px。
（3）分辨率：72dpi。

2. 案例解析步骤

（1）新建一个尺寸为 1024*1024px、分辨率为 72dpi 的画布。
（2）将背景颜色填充为 #009966。
（3）使用钢笔工具绘制图形，如图 4.18 所示。

图 4.18　课工场启动图标

为什么不需要在界面中绘制一个圆角矩形呢？在何种情况下不需要进行圆角矩形的绘制，在何种情况下又需要对圆角矩形进行设计和制作呢？

4.4 标注规范及设计技巧

设计师在完成全部界面的设计之后，并不是就完成了所有的设计工作。为了更好的向程序人员说明界面上所有控件、文字、图片、可点击区域的各个尺寸、颜色和位置，设计师需要对界面进行标注。

4.4.1 界面标注元素

由于标注是为了程序员在套用图片进行编程设计的时候更方便和快捷，所以设计师在标注之前可以先与程序员进行沟通，对于需要标注的内容和方法进行讨论。如图 4.19 所示是一个标注的界面。一般来说，界面上需要标注的元素包括：

- 所有控件的位置：一般标注左上角的坐标。
- 图片、可点击区域、按钮的尺寸。
- 文字的字号和颜色。
- 线的宽度和颜色。

图 4.19 界面标注

4.4.2 界面标注技巧

一般来说，标注是在所有界面全部完成之后才开始的，所以建议设计师在保留原文件的前提下复制一份作为标注的文件，这样更方便管理和预览，如图 4.20 所示。

图 4.20　App 界面与其标注图对比

经验总结

界面上存在大量的文字和颜色，在对这两种进行标注的时候可以采用更简便的方法：提前与程序员商议，将常用的文字字号与颜色进行归类，在提交界面标注的时候同时提交一个文档用于标注常用文字字号的尺寸与颜色的色值。这样做的好处是当界面上的颜色和文字发生改变时，只需要更改文档上的数值，而不需要对界面中大量重复出现的元素进行重新标注，如图 4.21 和图 4.22 所示。

图 4.21　界面标注

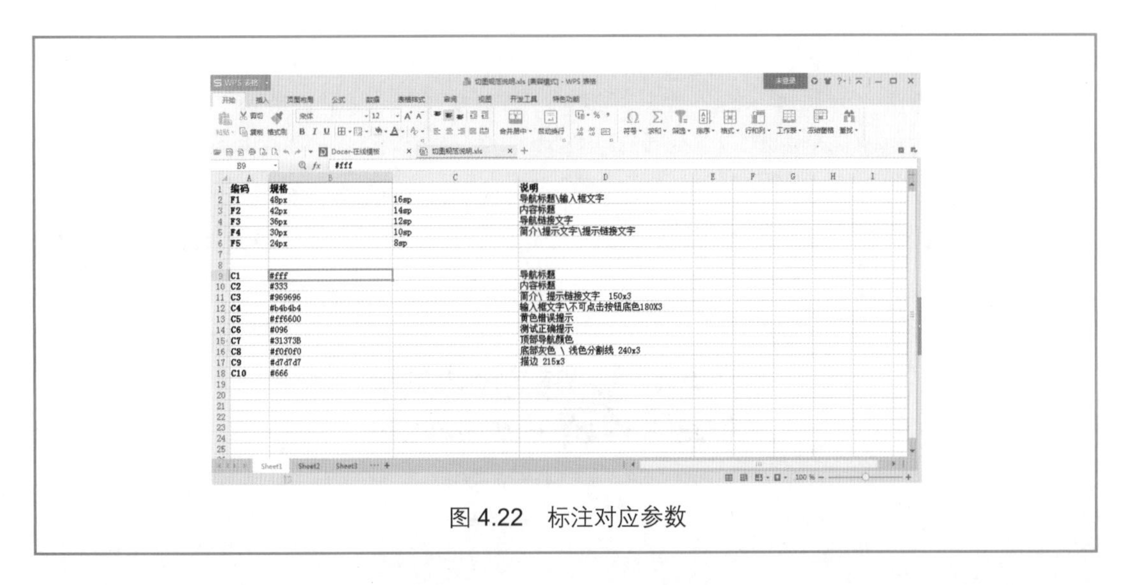

	编码	规格		说明
1	编码	规格		说明
2	F1	48px	16sp	导航标题\输入框文字
3	F2	42px	14sp	内容标题
4	F3	36px	12sp	导航链接文字
5	F4	30px	10sp	简介\提示文字\提示链接文字
6	F5	24px	8sp	
7				
8				
9	C1	#fff		导航标题
10	C2	#333		内容标题
11	C3	#969696		简介\ 提示链接文字 150x3
12	C4	#b4b4b4		输入框文字\不可点击按钮底色180X3
13	C5	#ff6600		黄色错误提示
14	C6	#096		测试正确提示
15	C7	#31373B		顶部导航颜色
16	C8	#f0f0f0		底部灰色 \ 浅色分割线 240x3
17	C9	#d7d7d7		描边 215x3
18	C10	#666		

图 4.22　标注对应参数

对界面进行标注可以使用 Photoshop，也可以使用第三方软件或者插件。下面简单介绍一下使用 Photoshop 进行标注的方法。

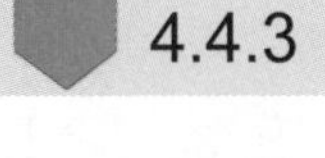

4.4.3　实战案例——对课工场界面进行标注

1. 项目需求

使用 Photoshop 对课工场的课程界面进行标注，其课程界面如图 4.23 所示。

图 4.23　课工场的课程界面

2. 案例解析步骤

（1）将界面原文件复制一份，建议更改名称为“*- 切图 .psd”。

（2）将所有图层拖拽到一个文件夹中，新建一层放置在最上面用于标注。

（3）确定需要标注的内容：所有控件的尺寸和位置、背景或主题的颜色和大小。

（4）对间距、图片、按钮、可点击区域尺寸进行标注：使用直线工具，按住 Shift 键进行垂直或水平方向绘制，在 Photoshop 的属性栏中可以很方便地看到长度或宽度的数值，如图 4.24 所示。

图 4.24　属性栏中的数值

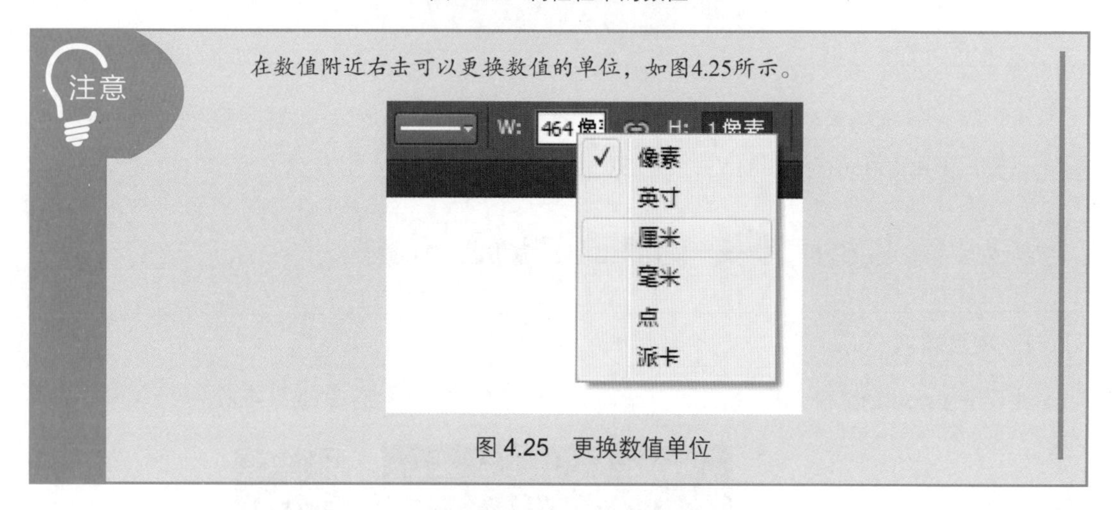

图 4.25　更换数值单位

（5）对图标尺寸进行标注：为考虑美观，图标在绘制的时候有可能会小于可点击区域的最小值，所以在标注和切图的时候就要在图标四周露出多余的空白像素值以保证图标在点击时更容易被用户操作，如图 4.26 所示。

图 4.26　保留空白区域

（6）对颜色进行标注，如图 4.27 所示。

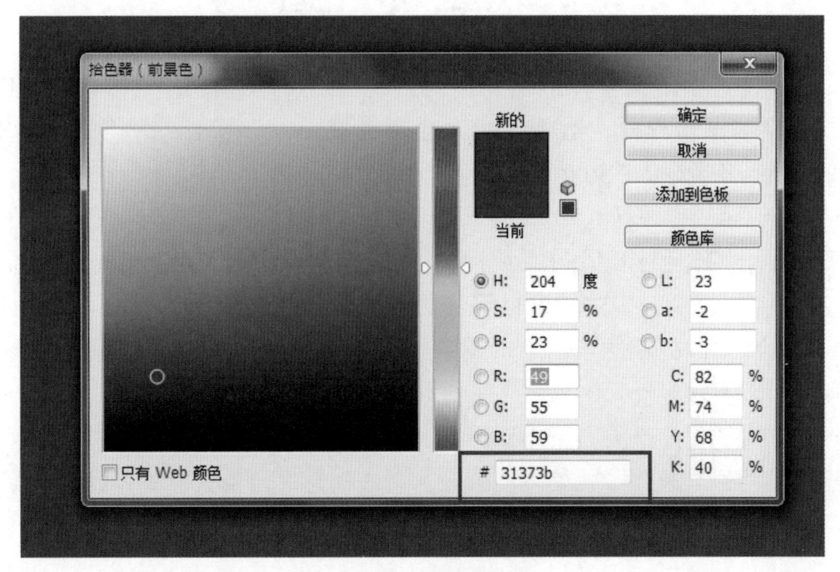

图 4.27　颜色数值

（7）对文字大小及颜色进行标注：对一套界面来说，可以对经常出现的文字大小和颜色进行整理和归纳，如图 4.28 所示，其中 F 代表文字大小，C 代表颜色数值。

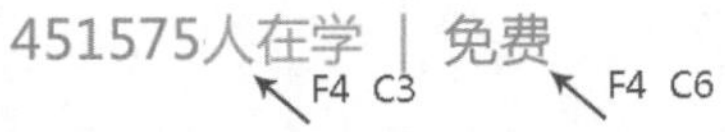

451575人在学 | 免费

F4 C3　F4 C6

图 4.28　对文字大小和颜色进行标注

本章总结

- iOS 系统是由苹果公司开发的移动操作系统。iOS 系统产品具有精致美观、简单易用的操作界面，数量惊人的应用程序，以及超强的稳定性，这使其成为 iPhone、iPad 和 iPod touch 的强大基础。
- 在实际项目中，设计师基本上不会为每一种分辨率单独设计一套 UI 界面。如果项目要求 iOS 和 Android 系统适配，可以选择 1080*1920px 这个尺寸进行设计。
- iOS 系统设计规范较 Android 系统更加严格，各栏高一般是固定不变的，但是随着系统版本的更新迭代，无论是视觉风格、界面尺寸还是栏高、文字都会发生变化，所以要求设计师时刻关注系统和规范的变化。
- 标注是为了程序员更方便地对界面进行布局和控制，所以在标注之前请设计师与程序员充分沟通，寻找最方便的标注方式和方法，避免重复劳动。

学习笔记

本章作业

1. 制作 iPhone 6 尺寸的 iOS 系统手机界面模板。

设计要求：

（1）模拟真实手机环境，将状态栏部位补充完善，增加电池、信号强度、时间等小图标。

（2）使用辅助线或矩形工具分割出各栏的高度。

（3）将各图层进行命名和整理。

（4）建立符合该系统的网格系统。

效果如图4.29所示。

图 4.29　iPhone 6 的 iOS 系统手机界面模板

2. 对课工场启动图标进行改版。

设计要求：

（1）新建尺寸为1024*1024px、分辨率为72dpi的画布。

（2）使用矢量软件或矢量工具进行设计和绘制。

（3）合理使用图层样式和图层剪切蒙版。

参考效果如图4.30所示。

图 4.30　课工场图标改版参考效果

3. 导入一个 iOS 系统原生 App，查看它的栏高、字号大小、按钮尺寸、可点击区域尺寸等。

作业讨论区

访问课工场UI/UE学院：kgc.cn/uiue（教材版块），欢迎在这里提交作业或提出问题，你将有机会跟课工场的专家以及共同学习本书的小伙伴一起探讨切磋！

课工场项目——教育类iOS手机App设计（二）

● 本章目标

完成本章内容以后，您将：

- 了解教育类App设计理论。
- 掌握课工场项目——教育类iOS手机App设计分析。
- 了解侧边栏导航与Tab导航。
- 了解整套图标的设计原则和注意事项。

● 本章素材下载

- 请访问课工场UI/UE学院：kgc.cn/uiue（教材版块）下载本章需要的案例素材。

本章简介

前一章主要讲解了 iOS 系统 App 的界面元素以及图标设计的规范和原则，本章将真正着手设计和制作第三方商用 App 界面。

5.1 教育类 App 设计理论

参考视频
课工场项目——
教育类 iOS 手机
App 设计（3）

在这个快节奏的社会里，一本书一杯茶，悠闲地坐在窗前藤椅上慢慢品读，已经成为一种奢侈的享受。很多传统的生活方式都被改变了，越来越多的人足不出户也能知天下。丰富的网上教程让人们在家就能轻松学习。

在移动互联网热潮的影响下，教育类 App 迅猛发展，中国教育类 App 市场的“金矿”潜力正在逐渐显现。教育类 App 以其便捷性、灵活性、经济成本低等特点吸引着越来越多的用户。

5.1.1 教育类App的常见分类

（1）从用户人群的年龄分类，常见的教育类 App 主要分为以下几类：学前教育（幼教）、基础教育（K12 阶段）、高等教育（大学阶段）、成人培训（毕业后），如图 5.1 所示。

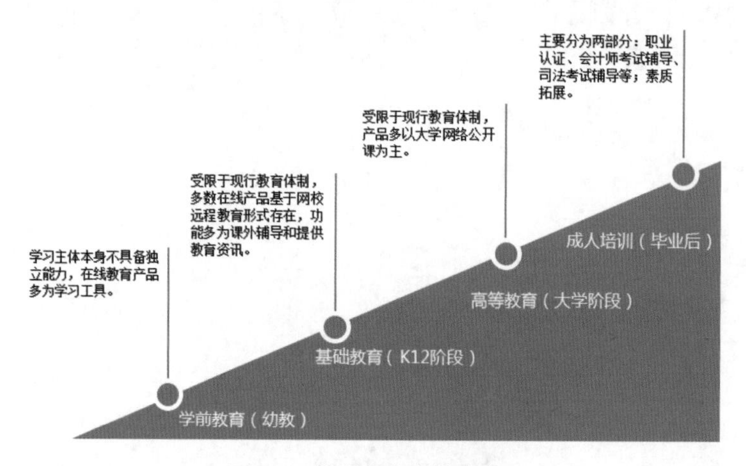

图 5.1 按照用户年龄分类

（2）按照学习内容分类：视频类、文档类、泛学习类等。

（3）按照平台分类：C2C（个人对个人）、B2C（机构对个人）、B2B2C（供应商到品牌商，品牌商再到用户）、C2C+O2O（个人对个人，线上到线下）、B2C+O2O（机构到个人，线上到线下）等。

对行业类 App 进行分类的方法有很多，之所以对其进行分类，是因为它们针对的主要用户人群不同，在设计 App 功能、布局和视觉风格时要针对用户人群的偏好来进行，而不是单凭设计师和产品经理天马行空的想象来进行盲目的设计。

5.1.2 教育类App的优势

在如今的互联网时代，人们逐渐习惯依靠互联网来解决生活和娱乐的需求。我们可通过网络浏览新闻、收发邮件、购物、娱乐，甚至是办公。为什么不能用互联网来学习呢？于是“在线教育”便产生了。随着移动互联网的崛起，在线教育也逐渐平移到手机移动端。

教育类 App 数量巨大，仅次于游戏类 App，是目前行业中淘金数量比较多的一支。其最大优势如下：

（1）碎片化学习：使用任何碎片的时间学习课程，既不会耽误平时的工作和生活，又不会浪费时间，可谓一举两得。

（2）随时学习：无论何时何地，想学就学，不受时间、空间的限制。

（3）循环式学习：购买过一次网络课程后，即可反复听反复学，直到学会为止。

（4）体现教育公平性：无论什么教育背景、社会地位，只要想学就可以报名学习，对于一些缺乏教育资源的群体而言，更能获得好的学习机会。

5.1.3 教育类App的常见视觉风格

由于教育类 App 产品针对的受众人群年龄跨度比较大，在界面风格上存在巨大差异，下面就针对不同的用户界面来进行常见视觉风格的总结。

1. 低幼儿童教育类 App 界面视觉风格

虽然下载低幼儿童教育类 App 的用户大都是妈妈级别的女性，但是真正的产品使用者仍旧是懵懂无知的幼儿，所以界面上一般会采用色彩缤纷的卡通风格，颜色鲜明且种类丰富、布局简单，尽量避免有隐藏或折叠的视图，按钮清晰且占据的空间会比较大，便于幼儿识别和操作。无论是界面风格还是布局设计，都是为了让小朋友可以在愉快、无压力的场景下学习，如图 5.2 所示。

图 5.2　低幼儿童教育类 App 界面

2. 中小学生教育类 App 界面视觉风格

中小学生教育类 App 界面使用鲜明的颜色，界面整体风格更轻快，尽量避免过于低龄化的颜色，避免颜色种类过多，如图 5.3 所示。

图 5.3　中小学生教育类 App 界面

3. 青年教育类 App 界面视觉风格

青年教育类 App 界面以单一颜色为主，一般会采用更平稳更低调的颜色，强调以内容为主，弱化界面的视觉冲击力，如图 5.4 所示。

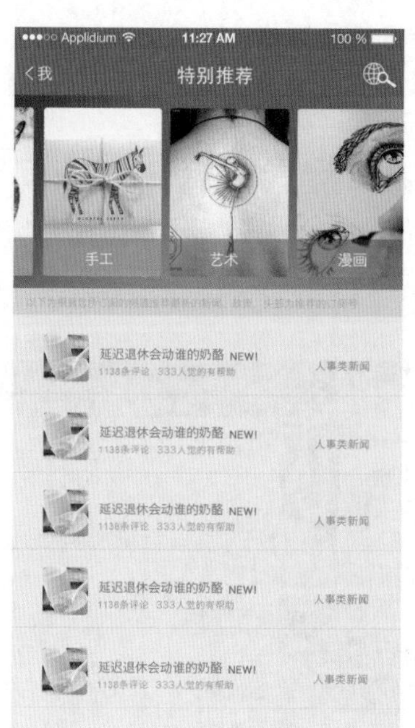

图 5.4　青年教育类 App 界面

还有一部分 App 界面拟物化程度较高，模拟真实的学习环境，提高学习的氛围。常用的风格有：笔记本、纸张、皮革本等，如图 5.5 所示。

图 5.5　拟物化教育类 App 界面

5.1.4　教育类App的常见功能

教育类 App 最主要的功能自然是和学习相关的。根据企业需求不同，其 App 的其他功能并不完全一致，这里列举了一些教育类 App 比较常见的功能：社交、工具、标注学习进程。

1. 社交

得用户者得天下！口碑相传（即用户分享）是传播 App 的强大有效的途径，其分享界面如图 5.6 所示。

图 5.6　分享界面

2. 工具

不同于传统的线下教育，手机端的产品更注重时效性，提供有效的工具是它的亮点。如何才能短、平、快地解决问题是手机端教育类 App 的主要功能之一，其工具界面如图 5.7 所示。

图 5.7　工具界面

3. 标注学习进程

面对众多课程，标注学习进程也是教育类 App 的常见功能之一。对于涵盖较多课程的教育类 App 来说，用户很容易就迷失在众多条条目目之中，所以标注学习进程是至关重要的。用户可以标注哪些已经学习过、哪些正在学习中、哪些还未学习、设计师在设计相关界面时需要把各个阶段区分开来并使它们要有明确的区别，如图 5.8 所示。

图 5.8　课工场课程详情页

 5.1.5　教育类App的目标用户分析

在开发 App 时，应该始于目标受众分析。直接询问目标受众的看法无疑是最好的了解目标受众信息的方法。可以通过焦点小组或简单的问题或数据收集搞定。企业可以选择发出内测或原型 App 来快速获得用户的反馈。一个较好的方法是对用户进行画像，构建

每一类用户的特点，了解其偏好和行为，挖掘他们想要的 App。

教育类 App 由于目标用户群体年龄跨度较大，因此需要设计师在设计界面之前对自身产品的目标用户进行详细的分析，针对他们的年龄、性别、职业、审美偏好等因素进行调查和研究。

例如适合低幼儿童的教育类 App 要考虑寓教于乐。通过友好的人机交互、符合童心的界面设计、灵活的操作方式让孩子在游戏中收获知识和快乐成为吸引家长的关键，因为在孩子教育产品的选择权上，家长有着不可动摇的主导地位，所以一款好的幼儿教育类 App 要具备趣味性、知识性和家长参与性。

说说看，中小学生教育类App、青年教育类App的特点都有哪些？

5.2 课工场手机 App 设计分析

参考视频
课工场项目——
教育类 iOS 手机
App 设计（4）

5.2.1 课工场项目需求分析

课工场是专注于互联网人才培养的在线教育平台。该平台汇聚了数百位来自知名培训机构、高校的顶级名师和互联网企业的行业专家，面向大学生以及需要“充电”的在职人群，针对产品、设计、开发、运维等互联网岗位，提供在线直播、录播教程、现场面授以及多种形式的教学服务。

课工场已经有了成熟的网页端产品，为拓展市场、提高知名度、为用户提供更便携的教育产品，现阶段要设计并制作课工场手机端 App。

5.2.2 课工场主要目标用户分析

目标用户：即将大学毕业的学生、初入职场的新人、希望拓展工作技能的职场人士，以及需要学习实用技能的人群。

5.2.3 课工场项目设计规划

1. 整合课工场 Web 端产品的核心功能

课工场 Web 端围绕学习提供多种多样的功能：微课、交互性测试、虚拟实验室、在线答疑、社区等。要将 Web 端产品转移到手机端 App，需要做的第一个工作就是筛选核心功能，确立手机端 App 产品提供的主要功能，如图 5.9 所示。

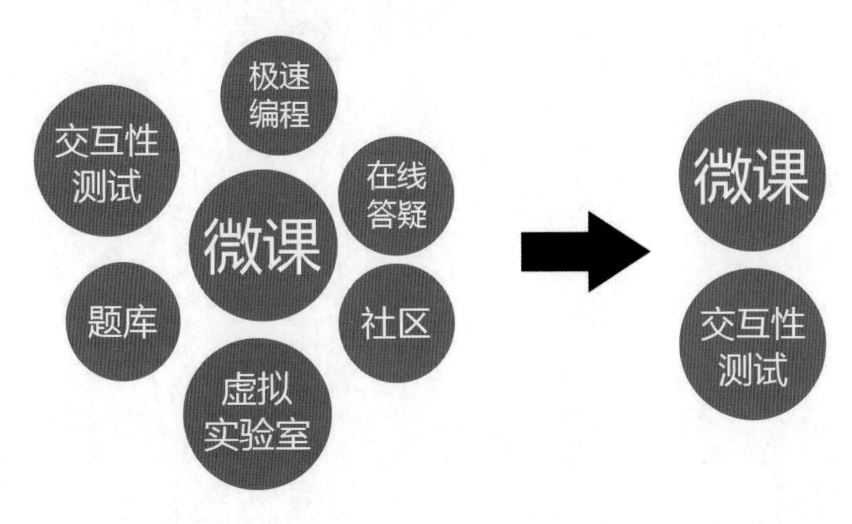

图 5.9　确立主要功能

2. 确立布局结构

产品经理勾画出原型图，确立界面的布局。课工场手机端 App 主要界面原型图，如图 5.10 所示。

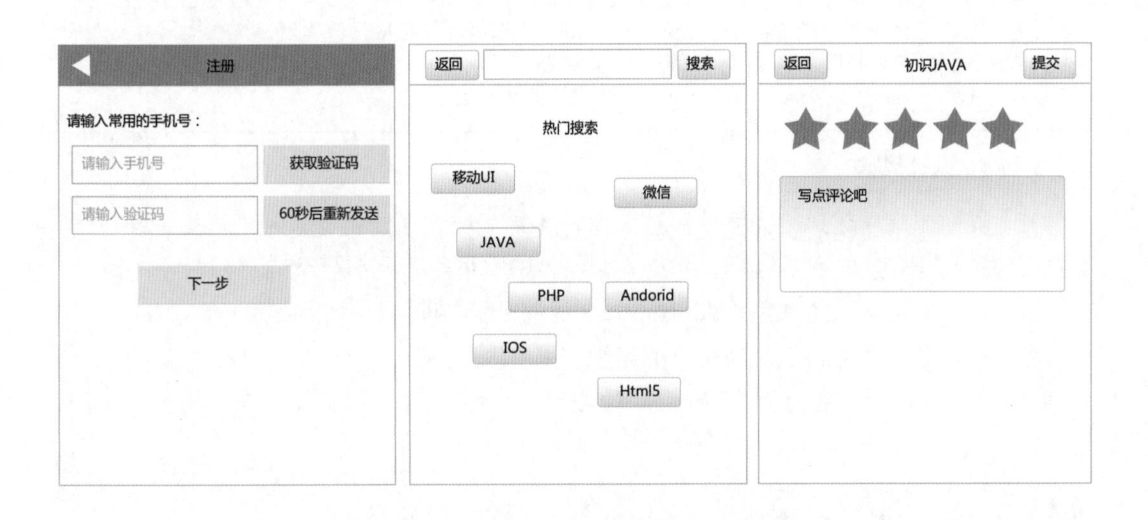

图 5.10　界面原型图

显而易见，产品经理提供的原型图只是一个概念图纸，无论是尺寸、栏高、文字大小都是没有经过设计的。设计师拿到产品经理提供的原型图后，需要将不符合设计需求的图纸进行原型图规范化、标注化。例如将产品经理提供的课工场手机 App 首页原型图进行规范化，提交 1080*1920px 的标准原型图，如图 5.11 和图 5.12 所示。

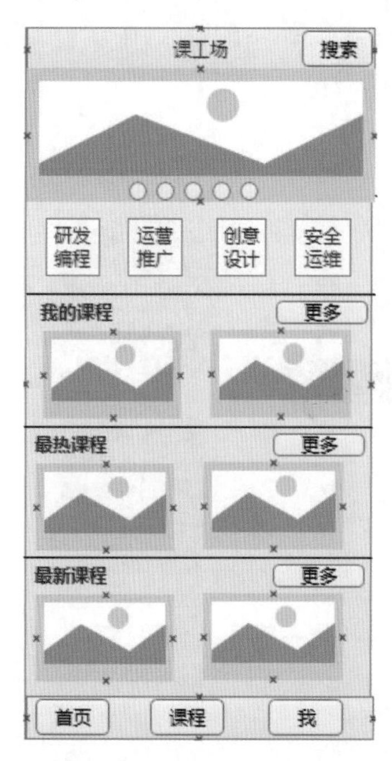

图 5.11　App 首页原型图

图 5.12　原型图标准化

经验总结

原型图中包含大量的图片，设计师要在设计之前与产品经理进行商议：图片的尺寸是固定还是只需要限定长宽比例？一般情况下，banner 轮播图、头像图片、缩略图只需要限定长宽比例，比较小的像素图、图标需要固定长宽。如果将 App 产品移植至成熟的网页端产品，图片就要根据网页端产品的图片进行调取，所以设计师在设计时不能进行随意设定。

3. 确立设计风格

（1）界面以扁平化风格为主，简洁大方，容易适配到多终端，也利于用户沉浸在学习当中。产品没有复杂的引导流程，作为一个新用户也能很容易就找到自己想学习的课程。

（2）主体颜色采用蓝绿色（#009966），视觉风格与网页端产品保持一致。

（3）使用默认字体，强调规范下的美学。

（4）图标：使用极简主义线条，简单、秀气、时尚，且文件体积较小，有利于用户下载安装。

5.2.4　课工场手机App首页设计

1. 项目要求

（1）尺寸：1080*1920px 或按照测试机实际尺寸进行设计。

（2）分辨率：72dpi。

（3）中文字体：华文细黑或苹方，英文字体为 HelveticaNeue。

最终效果图如图 5.13 所示。

图 5.13　最终效果图

当页面较长时，可以将画布的高度拉伸，这样可以很方便地将本页所有内容设计进去，需要同时提供一个标准高度的尺寸，方便导入测试手机进行预览和测试，如图 5.14 所示。

图 5.14　标准高度的界面

2. 案例重点解析

（1）使用 1080*1920px 这个尺寸进行设计，很容易对 iOS 系统和 Android 系统进行适配，因为双系统的手机都有这个尺寸。可以根据 Android 的网格系统对界面进行规划，1dp=3px，应该建立 8dp（24px）的网格系统进行参考，最小点击区域为 48dp（144px）。

（2）标题图片的选择来自网页端产品。

很容易看出，标题图片都是来自于网页端产品，所以占位图片长宽比例严格按照网页端标题图片来设计，如图 5.15 和图 5.16 所示。

图 5.15　网页端标题图片

图 5.16　手机端标题图片

（3）善于使用智能对象图层。

当界面出现大量重复元素时可以使用智能对象图层来对其进行编辑。智能对象图层是 Photoshop CS3 中新增的一种功能。在图层的文字名称上右击即可找到“转换为智能对象”选项，如图 5.17 所示。

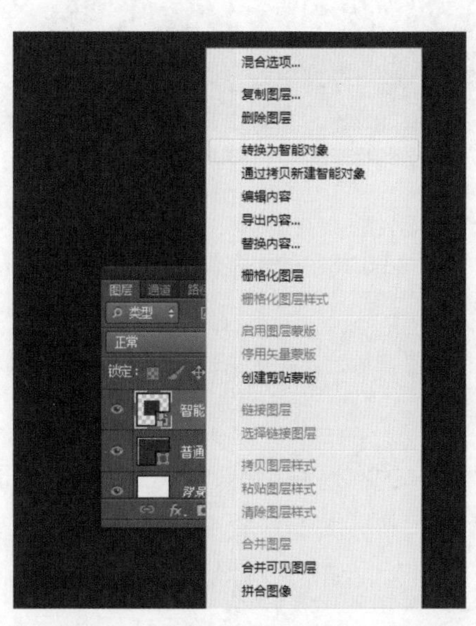

图 5.17　“转换为智能对象”选项

智能对象图层是对其放大缩小之后该图层的分辨率也不会发生变化（区别：普通图层缩小之后再去放大变换，就会发生分辨率的变化），而且智能图层有“跟着走”的说法，即一个智能图层上发生了变化，对应的智能图层副本也会发生相应的变化。如果想取消智能图层，和创建时的方法类似：右击图层并选择栅格化图层。

将界面中重复的元素转化为智能对象图层，如图 5.18 所示。

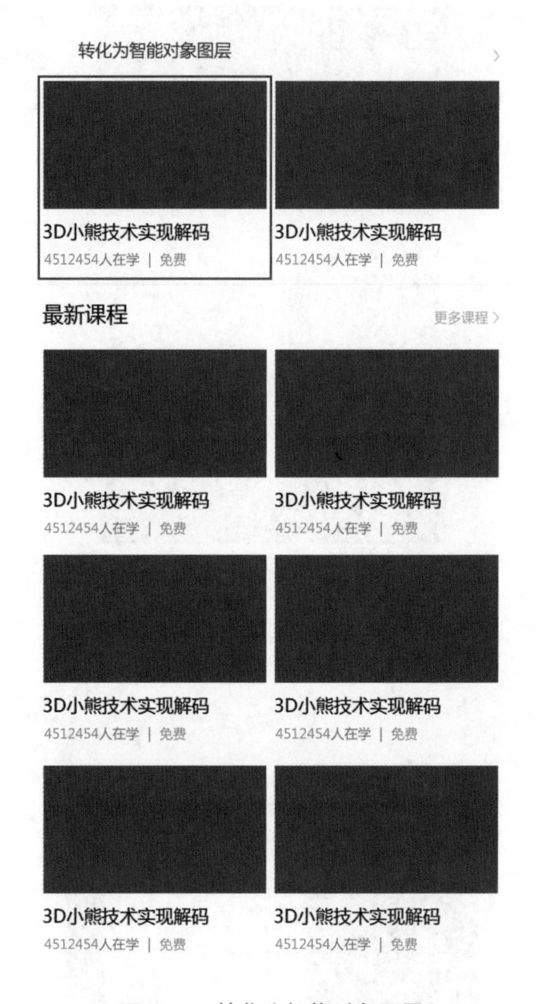

图 5.18　转化为智能对象图层

智能对象图层里面的元素发生变化时，所有的该智能对象图层都会发生变化。

智能对象图层中使用了统一的标题和副标题，界面设计只是一个高保真预览图片，在 App 上线之后，界面上的标题和副标题都是通过程序进行调用的。

智能对象图层中使用了色块矩形进行设计是为了方便之后通过图层剪切蒙版来进行标题图片的替换。如图 5.19 所示，将智能图层拖拽到一个文件夹里，按住 Alt 键，当鼠标滑过图层之间的空隙光标变成回车符时，可用鼠标点击进行图层剪切。

经验总结

设计师在界面设计中如果使用同一张占位图片，界面往往看起来太生硬、不够美观，所以建议不要只使用一张占位图片。使用一张占位图片和使用多张占位图片的效果对比是显而易见的，如图 5.20 所示。

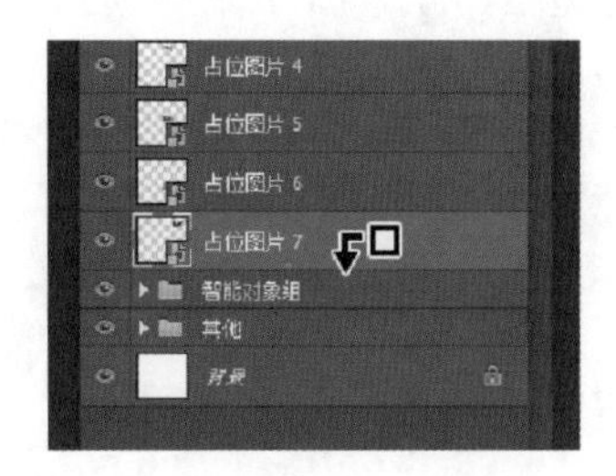

图 5.19　智能对象图层文件夹

图 5.20　占位图对比

5.3　侧边栏导航与 Tab 导航

参考视频
课工场项目——
教育类 iOS 手机
App 设计（5）

在有限的空间中设计界面是一件非常困难的事情，往往产品的功能多到没有地方可以摆放，设计师在感叹手机界面寸土寸金的同时要进行布局，在有限的尺寸内让用户更方便、更快捷地找到想要的功能入口。

当界面上需要放置的功能入口（往往表现为按钮、文字链接等可点击区域）过多时，经常会使用侧边栏导航或者 Tab 导航来实现，如图 5.21 所示。

图 5.21　导航栏

5.3.1　侧边栏导航与Tab导航概述

1. 侧边栏导航

侧边栏导航又叫抽屉导航或抽屉栏导航。在网页设计中经常会出现侧边栏导航，如图 5.22 所示。

图 5.22　网页设计中的侧边栏导航

侧边栏导航在手机端的引入是为了解决手机界面太小的问题，通常在手机端界面中引入一个三条线的符号来作为侧边栏导航的入口，即我们常说的“更多”按钮或者“汉堡包”按钮，如图 5.23 所示。

图 5.23 “汉堡包”按钮经常被作为侧边栏导航的入口

当用户点击“更多”按钮后，从侧边滑出一个新的界面，此时可以放置更多的条目、标签或者功能，如图 5.24 所示。

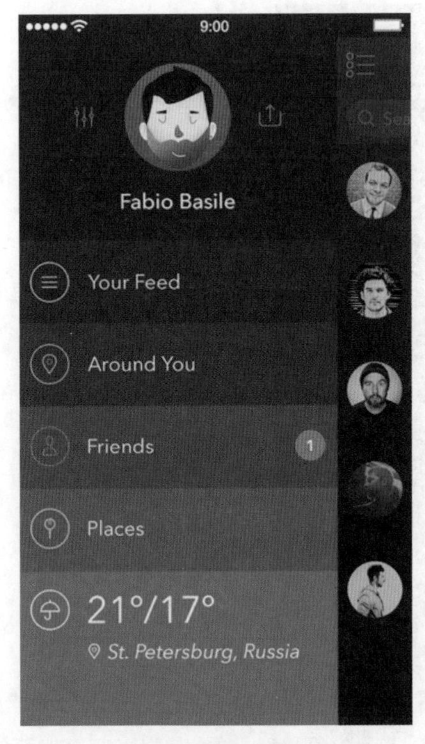

图 5.24 侧边栏

2. Tab 导航

Tab 导航又叫标签导航或标签栏导航。同样地，在网页设计中也有 Tab 导航，如图 5.25 所示。

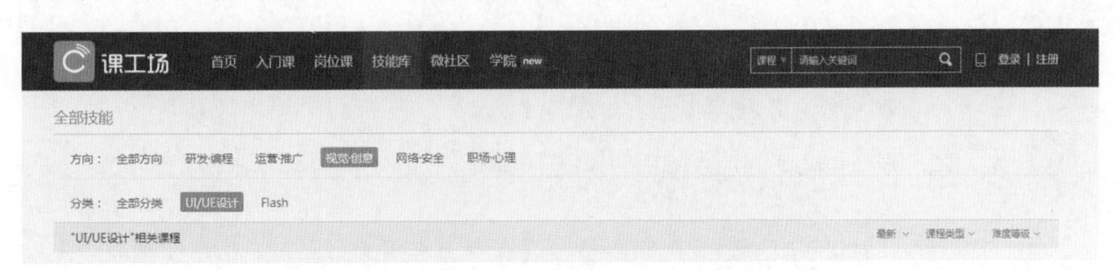

图 5.25 网页设计中的 Tab 导航

手机界面实在是太小了，小到官方推荐的横向标签栏最多只能有五个，当标签多于五个时，最后几个被挤在一起，称为“更多”按钮，如图 5.26 所示。

图 5.26　“更多”按钮

原生 Android 系统 App 一般采用顶部 Tab 导航，iOS 系统 App 一般采用底部 Tab 导航，如图 5.27 和图 5.28 所示。

图 5.27　Android 系统手机 App 界面中的顶部导航

图 5.28　iOS 系统手机 App 界面中的底部导航

经验总结

由于产品开发成本高、时间有限，同时还要考虑双系统下用户的使用习惯，所以一般在实际工作中，需要对界面进行规整，统一界面的大致结构和布局，有时会采用 iOS 的底部导航进行界面布局设计。

5.3.2　侧边栏导航与Tab导航的差异

侧边栏导航和 Tab 导航都是手机界面和网页端界面常用的布局方式，它们都能很好地引导用户进行选择和使用，其差异如表 5.1 所示。

表 5.1　侧边栏导航和 Tab 导航的差异

项目	侧边栏导航	Tab 导航
别称	侧边栏、抽屉栏导航	标签栏导航
优势	让主屏幕有更大的显示区域 能容纳更多的分类条目 增加和删减分类条目更容易	直接放在界面上，简单直观 用户使用方便，一目了然
劣势	需要有一个明显的标志来引导用户 增加用户的学习成本 需要多一个步骤才能找到分类信息	侵占主屏幕显示区域 只能容纳有限的几个分类条目 增加和删减分类条目受限制
适用范围	适用于分类条目比较多的导航	适用于分类条目比较少的导航 Pad 端和 Web 端比较常见

5.3.3　实战案例——课工场手机App侧边栏界面设计

1. 项目需求

（1）尺寸：1080*1920px 或者按照测试机尺寸进行设计。

（2）分辨率：72dpi。

（3）中文字体：华文细黑或苹方，英文字体为 HelveticaNeue。

最终效果图如图 5.29 所示。

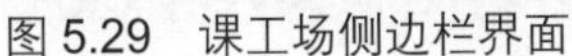

图 5.29　课工场侧边栏界面

2. 案例解析步骤

（1）新建画布。将产品经理给的原型图标准化。

（2）将课工场主界面转化为智能对象图层，缩小放置在屏幕右侧，增加外发光的图层样式以增加整体的阴影效果，具体参数如图 5.30 所示。

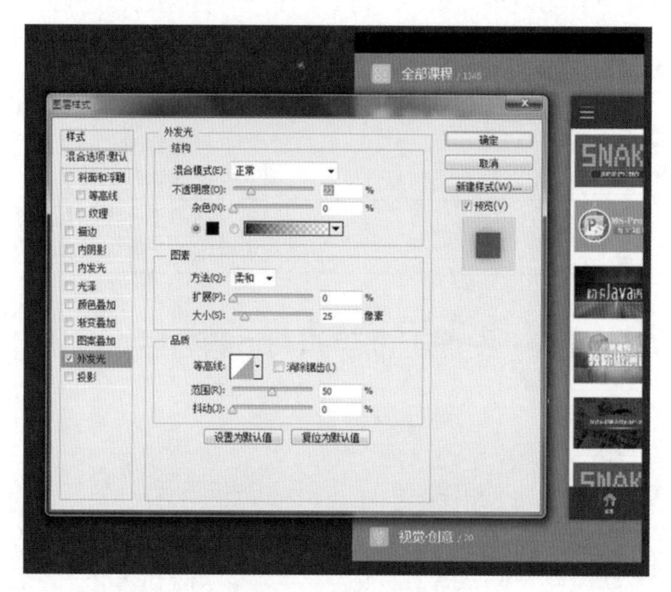

图 5.30　图层样式数值

（3）整体界面颜色以标准色为主，但是大面积的纯色很容易引起视觉疲劳，所以会在设计时加入另外一种颜色去进行渐变，如图 5.31 所示。

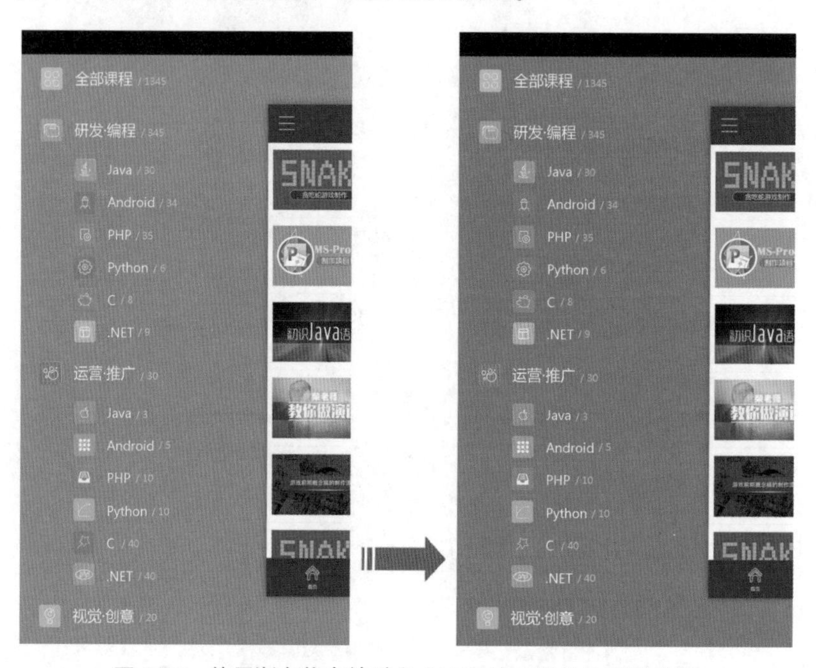

图 5.31　使用渐变能有效避免大面积纯色引起的视觉疲劳

（4）文字统一使用白色，标题文字略大于分类条目的文字。数字的颜色使用带有透明度的白色以示区分。每个标题前加入小图标进行展示，让用户更容易识别和记忆，界面也更加美观，如图 5.32 所示。

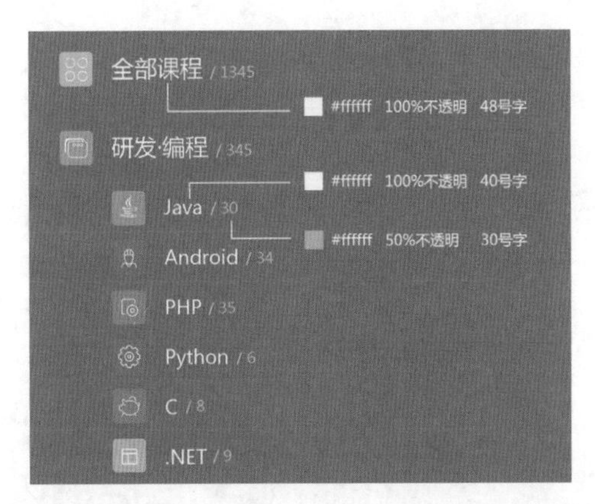

图 5.32　在文字大小、颜色、透明度上设计差异

尽量不要使用偏差较小的字号进行区分，例如不要同时使用48号字和46号字，因为这两个差异太小了，用户很难分出两者的区别。

（5）使用段落文字进行文本输入，可以很方便地通过文字属性面板 102点 调节间距，如图 5.33 所示。

图 5.33　间距调节

5.4　整套图标的设计原则和注意事项

界面设计中充斥着大量的图标。设计师如何才能把握好整套图标的设计，如何让所有的图标看起来很整体化，又保证图标之间保持着自身的独特气质呢？下面将详细讲解针对整套图标的设计原则以及在进行整套图标设计时的一些注意事项。

5.4.1 整套图标的设计原则

1. 符合本系统设计规范

图标设计万变不离其宗，需要强调的是图标设计是界面设计的一个重要组成部分，界面设计遵循哪些系统规范，图标设计同样也要遵循。图标设计从尺寸、命名规则、表现形式上都要遵循系统的设计规范。

iOS 系统和 Android 系统的启动图标有着很大的区别，如图 5.34 和图 5.35 所示。

图 5.34 iOS 系统手机启动图标

图 5.35 Android 系统手机启动图标（原生）

2. 每个图标保持相同的风格

既然是同一个界面，或者说是同一个产品的图标，那么它们在主要视觉风格上要保持一致：色调、明暗、角度、透视都要有很强的一致性。

3. 每个图标保持自身特有的符号含义

虽然所有的图标都是一套的，但是并不代表所有的图标都必须传达同一个意思，相反地，每一个图标都应该有自己独特的意思表达。如果所有图标无论从长相还是功能上都差不大的话，那么就应该让它们完全一致；如果图标所代表的功能不同，那么就应该在符号形象上有所差异。

5.4.2 整套图标的注意事项

1. 尽量从被用户接受的现有符号出发

图标中主要图形元素的设计尽量要从被用户接受的现有符号出发，例如使用钟表元素的图形一般表示图标带有闹钟功能，使用表盘表针往往代表时间，如果一个带有闹钟功能的图标使用了表盘的元素来进行设计，用户在看到和使用的时候就会感到迷茫和困惑，如图 5.36 所示。

闹钟图标　时间图标

图 5.36　符号图标

2. 从实际出发，强调识别性和拟物性（并不是拟物风格）

图标是 App 功能或标签的重要入口，保证其识别度是图标的重要任务，应从现实图形符号系统出发，使用用户都熟悉的图形元素，让用户在看到图标时能迅速想到它所指向的意思和功能，强调图标的拟物性，模拟真实环境中的符号，而不是它的视觉要符合拟物风格。如图 5.37 所示，用户看到信封首先会想到邮件，所以如果使用带有邮件图形元素的图标则给人的第一感觉就是收发邮件。

图 5.37　邮件图标

齿轮一般代表系统设置，所以当图标起到设置作用的时候应尽量使用齿轮元素，当然这并不意味着限制你的设计，只是说在设计设置图标时使用齿轮元素能更好地向用户传达图标的意思。如图 5.38 所示为各种各样的设置图标，但最后一个看起来更像是音乐或是声音的调节器。

图 5.38　各种各样的设置图标

3. 使用统一的光源、统一的角度、统一的风格特点

在角度上，图 5.39 所示的五个图标存在很大的差异：第一个地图图标使用的是略带俯视的角度；第二、三、五个图标使用了平角透视，即没有透视效果；第四个书本图标使用了俯视加 45 度角的透视。

在颜色上，虽然都使用了深灰色，但是程度又有所不同。

在风格特点上，虽然都使用了扁平化的极简设计，但是第一、二、五个图标使用了尖锐的直角，第三、四个图标使用了比较圆润的圆角作为折角的处理。

图 5.39　角度、颜色及风格特点的差异

4. 强调核心区域的比例和大小

整套图标在设计上或多或少都有一些尺寸上的差异，设计师在设计时要保证视觉上核心区域的大小和比例应一致，这里强调的是视觉上的统一，而不是严格意义上尺寸长宽的相同，如图 5.40 所示。

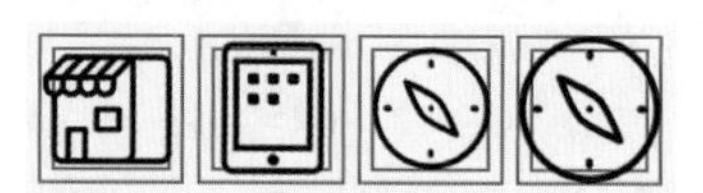

图 5.40　图标在视觉上保持大小一致

5.4.3　实战案例——教育类App界面中需要调整的整套图标

如图 5.41 所示为某教育类 App 侧边栏中的整套图标，哪些是欠妥当、需要调整的图标呢？

图 5.41　教育类整套图标

粗略来看，图标都使用圆角矩形进行了统一，大都使用了目前最流行的极简主义扁平化风格，图形元素都采用白色的单线条，核心区域大面上似乎也都缩小居中，每个图标的图形元素差异性也比较大，大都能代表图标所要表达的意思。但如果进一步使用放大镜来审视这些图标，似乎又有些差强人意的地方，如下：

（1）虽然图标大多数使用了单线条，但是仍旧有那么几个异类使用了填充色块，使用填充色块的图标在大都使用线条的整套图标中显得格格不入，如图 5.42 所示。

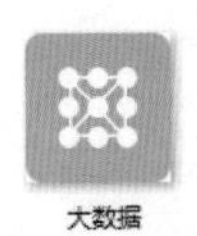

图 5.42　填充色块

（2）线条粗细并未严格统一，如图 5.43 所示。

图 5.43　线条粗细不统一

（3）圆角、尖角傻傻分不清楚，圆角的角度也不完全一致，如图 5.44 所示。

图 5.44　圆角、尖角不统一

（4）透视混乱，如图 5.45 所示。

图 5.45　透视混乱

（5）表意不明，使用了会引起用户迷惑的图形系统，如图 5.46 所示。

图 5.46　表意不明确

一般来说，Flash、Photoshop 软件类图标的设计一般核心元素直接使用软件图标的样式，淘宝的图标一般也会采用其标志来进行制作，使用手推车会让用户觉得这是一个购物车的入口而不是淘宝的标签。几张圆角方块的罗列也实在不像是网页设计的入口。

本章总结

- 教育类 App 的优势：
  （1）碎片化学习。
  （2）随时学习，不受时间、空间的限制。
  （3）循环式学习。
  （4）体现教育公平性。
- 教育类 App 比较常见的功能：社交、工具、标注学习进程。
- 在开发 App 时，应该始于目标受众分析。直接询问目标受众的看法无疑是最好的了解目标受众信息的方法。可以通过焦点小组或简单的问题或数据收集搞定。企业可以选择发出内测或原型 App 来快速获得用户的反馈。
- 整套图标的设计要注意识别度、元素视觉风格的高度统一，线条、圆角、透视、角度都要保持一致。实际工作中，设计师需要与产品经理进行繁琐的沟通和交流，不要盲目地进行设计，要先确立产品需求和主要目标人群，从产品出发。

学习笔记

本章作业

1. 了解自己手机中的教育类 App，寻找一款背单词 App，分析它的目标人群和视觉风格特点，截屏备份到电脑中，画出符合测试机尺寸的原型图。

设计要求：

（1）符合双系统设计标准，设计并制作背单词App界面，包括首屏界面、课程详情页界面。

（2）设计两种不同视觉风格的界面效果。

2. 重新设计如图 5.47 所示的整套图标。

设计要求：符合整套图标的设计原则和注意事项。

图 5.47　图标设计素材

作业讨论区

访问课工场UI/UE学院：kgc.cn/uiue（教材版块），欢迎在这里提交作业或提出问题，你将有机会跟课工场的专家以及共同学习本书的小伙伴一起探讨切磋！

第6章

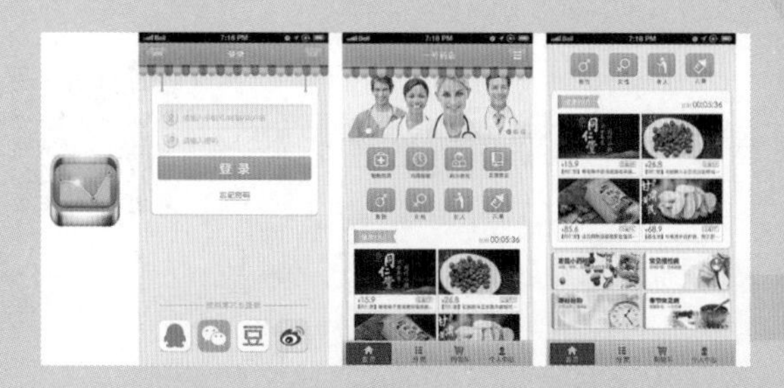

1号药店项目——医疗类手机App设计

● 本章目标

完成本章内容以后，您将：

- 了解医疗类App设计理论。
- 掌握拟物化设计理论规范。
- 了解iOS系统与Android系统的原生App图标与界面的差异。
- 掌握移动端App登录、注册界面的设计方法。

● 本章素材下载

- 请访问课工场UI/UE学院：kgc.cn/uiue（教材版块）下载本章需要的案例素材。

本章简介

在电子商务飞速渗入各个领域的今天，各行业各企业争相开发App加入到营销大军中，国内的医疗企业也不甘示弱，捉住时代契机，充分利用手机医疗App开展营销与采购，抢占市场。移动医疗App是医疗企业移动营销超级给力助手。企业医疗App可有效提升企业形象，使企业轻松实现移动精准营销，让企业率先抢占先机，领先于同行。

本章通过对医疗类App设计理论、拟物化设计规范、双系统原生图标与界面的比较、登录与注册界面设计等的讲解，结合实际案例，使理论和实践相结合。

6.1　1号药店项目——医疗类手机App设计需求概述

参考视频
1号药店项目——
医疗类手机App
设计（1）

移动医疗App之所以被市场期待，是因为其能够以节约时间、快速诊断、花费少等特点来缓解医疗资源供不应求的紧张状况，让有需要的人实现快速问诊。预计至2017年，中国移动医疗市场规模将以递增的形式达到125.3亿元。当前，我国已有2000多款移动医疗App，用来提供寻医问诊、预约挂号、购买医药产品、查询专业信息等服务。以此来看，移动医疗App大有出现“井喷式”发展的趋势。

马云曾经预言，下一个能超过他的人一定出现在健康医疗产业里。创业者们纷纷加入移动医疗领域，竞争愈发激烈起来。

6.1.1　项目名称

1号药店项目——医疗类手机App设计

6.1.2　项目定位

随着竞争日益激烈的医疗类手机App的迅猛发展，某公司决定设计并制作一款医疗类手机App，主要面向白领市场，功能以医疗咨询、药品出售为主，如图6.1所示。

图6.1　1号药店App界面展示

6.1.3 1号药店企业背景

1 号药店隶属于北京某大药房医药连锁有限公司，是中国第一批获得国家食品药品监督管理局颁发的《互联网药品交易许可证》的合法网上药店。1 号药店秉承“用心选药，便民利民，诚信为佳”的经营理念为消费者提供万余种医药健康产品，涵盖了市面上常见的中西药、营养保健品、医疗器械、美容护理、孕婴用品等多个品类。

1 号药店拥有众多执业药师及医师团队，为用户提供更专业的健康用药咨询服务，同时还为用户提供专业的寻医问药、健康百科、专题导购、营养搭配建议等服务，为用户提供一站式移动购药便捷体验。

6.1.4 1号药店App项目需求

作为寻医问药类 App，1 号药店手机端 App 希望能成为广大用户健康咨询、营养保健、购买药品的综合性平台。1 号药店手机端 App 项目需求如下：

（1）兼顾 iOS 系统和 Android 系统设计规范，设计并制作符合大众审美偏好的 App 界面。

（2）针对手机端用户，符合手机端用户的使用习惯和审美偏好。

（3）以寻医问药、健康咨询为目的，以转化率为最终目标，符合医疗类 App 的特点。

（4）需要设计并绘制启动图标、主界面、登录注册界面。

6.1.5 1号药店App风格要求

1 号药店 App 风格是拟物化，模拟现实物品的造型和质感，通过叠加高光、纹理、材质、阴影等效果对实物进行再现，界面模拟真实物体，展现人性化的体贴。

6.2 医疗类 App 设计理论

参考视频
—号药店项目——
医疗类手机 App
设计（2）

移动医疗 App 一般是指基于 iOS 和 Android 系统的移动端医疗类应用软件，目前已有 2000 多款移动医疗 App，主要提供寻医问诊、预约挂号、购买医药产品、查询专业信息等服务。

6.2.1 医疗类App的常见分类

移动医疗 App 大体分为五种：满足寻医问诊需求的应用；满足专业人士了解专业信息和查询医学参考资料需求的应用；预约挂号及导医、咨询和点评服务平台；医药产品电商应用；细分功能产品的应用。

1. 满足寻医问诊需求的应用

针对患者群体，以患者为目标用户。将 App 的目标用户定位在有着很大基数的某些患者群体，比如糖尿病患者群体，高血压、高血脂患者群体等，随着亚健康人数的增多和老龄化问题的日益严重，有着很大基数的慢性病患者和亚健康人群将成为使用医疗类 App 的主要用户群体。

2. 满足专业人士了解专业信息和查询医学参考资料需求的应用

针对广大医生群体，以医生和护士为目标用户。在功能上可以涉及医疗文献的检索、业界重大医疗技术研究报道、医疗行业文章的撰写等。

3. 预约挂号及导医、咨询和点评服务平台

这是同时针对患者和医生的平台。患者可以随时随地进行问诊，医生可以为患者进行专业快速的健康解答，同时还可以进行学术互动等。

4. 医药产品电商应用

这是面向医院或医药相关企业的 App（B2B 模式）。方便医院与医药企业进行合作，使医院方面了解到最新的医疗技术或者医疗器械及药品药物，促成药企与医院的商业合作，进行药品销售等。

5. 细分功能产品的应用

送药上门服务 + 挂号预约（O2O 模式）。在线下单购买药品，基于用户的地理位置来进行药品配送服务。

6.2.2 医疗类App的特点

1. 市场巨大

目前，中国人口老龄化、环境污染带来的慢性病人群增长等情况，依靠现有的医疗条件没能对其进行科学管理，移动医疗的市场才会备受关注。与其他 App 相比，设计师需要照顾更多不同年龄人群的使用习惯和感受。

2. 提供更便捷、快速的操作体验

医疗类 App 可以让广大用户节约看诊时间，减少医疗花销，有效缓解医疗资源供不应求的紧张状况，让有需要的用户可以实现快速问诊。

随着可穿戴医疗设备的发展，医学的高科技发展带来更多的闪光点。医疗产业信息化是未来的发展趋势，后续扶持政策也将陆续出台。

3. 沟通更加便捷、但弊端仍旧存在

随着智能手机的普及，医疗类 App 的出现让医生和病人能更加便捷地进行沟通与交流，但是仍旧存在着不小的问题：望闻问切仍旧是传统医生看病的重要方式，单凭手机巴掌大小的界面和患者单方面的描述，医生无法对病情进行深入的了解，所以远程诊断现阶段并未很好地实现。

4. 突出权威

App 里涉及了一些权威医疗人士或机构的发言及文章。在医疗行业，权威产生的影响力很大，能够带来真正有价值的内容，用户会试着通过这些内容来解决自己的健康问题。

5. 用户活跃度不高

用户一般会在身体出现不舒服的体征、睡觉前起床后或是运动之后才会去查看医疗类 App，所以医疗类 App 的用户活跃度不高。

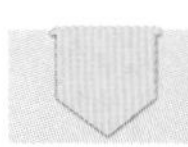

6.2.3 医疗类App的常见功能

由于企业需求不同，所以医疗类 App 的功能并不完全一致，但是大都围绕医疗进行展开。当前用户最期待的三大功能是：电子病历、预约挂号、用药提醒。

1. 电子病历

提供内容丰富、字迹清晰、便于查找的电子病历是医疗类 App 的常见功能之一。医疗类 App 在提供用户病例的同时，一般还会推送更贴心、更全面的内容，包括饮食忌讳与优选、更合理的作息时间安排、日常锻炼项目等内容，如图 6.2 所示。

图 6.2 电子病历

2. 预约挂号

似乎无论是去哪个医院看病，第一件事情就是排队挂号，常时间的等待消耗人们大量的精力和耐性。本土化的挂号功能贴心地为人们提供提前向医院进行预约看病的权利，用户也非常乐意使用这项功能，并乐于向身边的其他人推荐这项功能，所以预约挂号成为医疗类 App 最常见的功能之一，如图 6.3 所示。

图 6.3　预约挂号

3. 用药提醒

用药提醒是无论从程序撰写还是用户需求上都非常好实现的一个功能。需要注意的是，和其他提醒、内容推送不同的是，用药提醒可以发生在任何时候，包括用户睡眠和不常使用手机的时间。

6.2.4　医疗类App的目标用户分析

目标用户一般包括：患者、医生、医疗器械提供商等。

亚健康群体多数会选择健康类的产品，慢性病群体会选择针对性比较强的产品，急性病群体很少会选择医疗类的产品，年轻人更愿意选择挂号类和寻医问药类的产品。整体来看，医疗类 App 产品的用户日均使用量和频率并不高，但是持续性较强，也比较有针对性。

医生和护士的时间相对比较紧张，如何提高这类群体使用医疗类 App 的兴趣和频率是产品经理需要着重考虑的事情。

医疗或健康器械提供商更希望能找到更稳定、用户基数更大的产品建立长远的合作关系。

6.2.5　医疗类App的常见视觉风格

医疗类 App 界面整体视觉起到安抚、平顺心绪的作用，颜色上大都是安静、稳定、清澈的，忌讳鲜亮、浓重的色彩和色调，否则很容易给人以压抑、狂躁的感觉；风格以拟物化、微质感为主，质感温润、避免花俏，鉴于现在手机界面尺寸差异较大，采用扁平化的界面风格可以更方便进行适配，如图 6.4 所示。

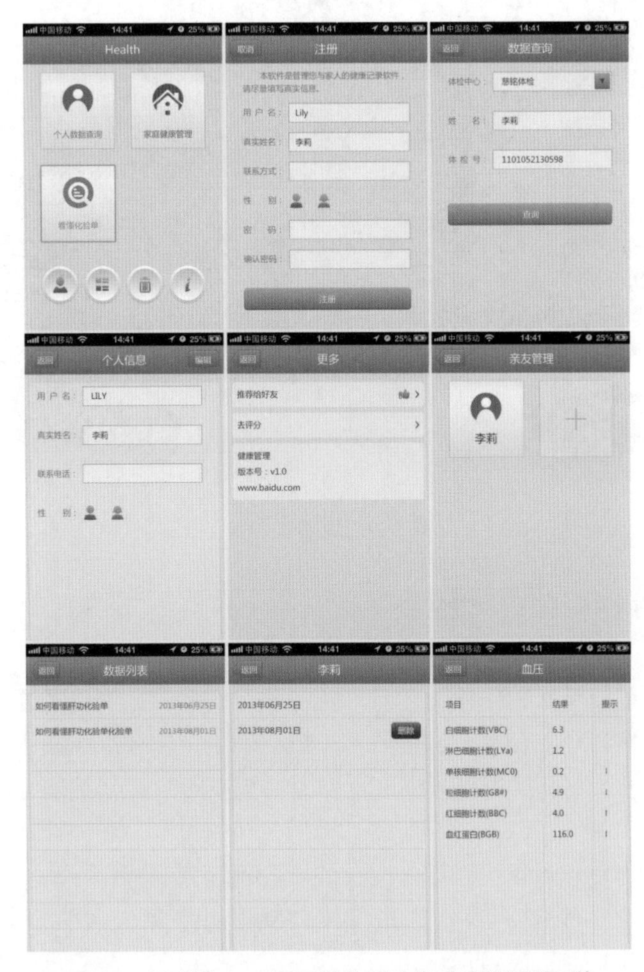

图 6.4　医疗类 App 界面常使用略带质感的视觉风格

医疗类 App 界面布局简单，强调功能至上、上手轻松、操作容易、响应速度快，起到指导实际的作用。

蘑菇街项目和课工场项目都采用了当下最流行的扁平化设计风格，1 号药店明显的质感变化和拟物化风格更显得界面亲切、温和。下面就对如何制作拟物化的界面进行深入的了解和探讨。

6.3　拟物化设计

参考视频
一号药店项目——
医疗类手机 App
设计（3）

设计的流行趋势瞬息万变，看惯了纯色块单线条的扁平化视觉风格，拟物化风格界面的出现确实让人眼前一亮，如图 6.5 所示。如何才能设计出细节丰富、色彩饱满、模拟真实环境和事物的手机界面呢?

图 6.5　拟物化界面

6.3.1　拟物化设计的概念

在苹果产品大量使用拟物化设计之前，游戏端产品就已经使用了这种非常贴近现实的界面风格。为了保持游戏的带入感，方便用户更准确地点击和操作按钮，游戏设计师经常会使用木质、金属、石头、皮革等效果进行界面绘制。随着 iOS 的问世，拟物化设计被众多用户所认识。

拟物设计（Skeuomorph）是产品设计的一种元素或风格。拟物化设计曾经长期是苹果软件的标志性界面设计风格，也是苹果软件设计中最让人熟知的特点之一。早期 Mac OS 上有一个计算器的应用程序，它看起来与真实的计算器几乎没有区别，如图 6.6 所示。

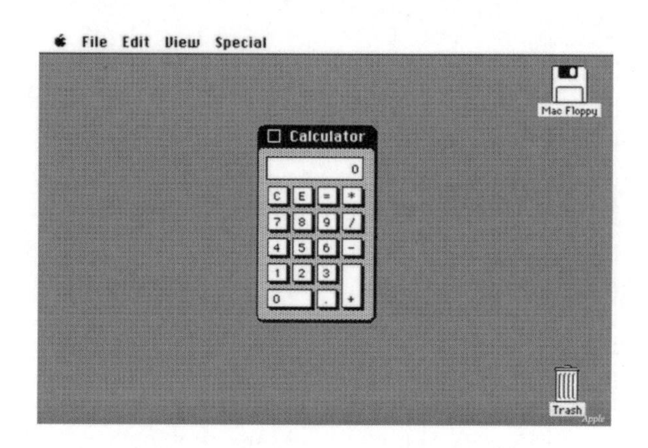

图 6.6　早期苹果软件中的计算器

当 iPad 的 iBooks 出现的时候，它的样子与真正的书架几乎完全一样，甚至是连木头的质感都刻画得惟妙惟肖。拟物化设计进入了鼎盛繁荣期，成为设计界最受追捧的视觉风格。苹果公司很偏爱这种拟物化设计，这样的设计让产品在智能手机和智能终端初入人们视野的时候很容易理解，它可以让用户更加轻松地使用这些软件，因为用户一看就能立刻知道它是做什么的。iBooks 的书架界面如图 6.7 所示。

图 6.7　iBooks 的书架界面

拟物化设计指的不仅是界面的外观模拟真实事物，其交互方式也模拟现实生活的交互方式。如果一个打台球 App 的界面上出现一个台球杆，那么用户大都会想去点一点，因为在真实环境中台球杆是可以用手拿的，如图 6.8 所示。

拟物化设计是仿照现实事物进行的设计，但是这并不意味着在设计上要完全与现实一致，可以允许适当地超出现实预期。举个例子，现实中一本书的页数是固定的，但是在界面设计时，书籍的页数是可以进行增减的，但厚度并不随着页数的增减而发生改变。

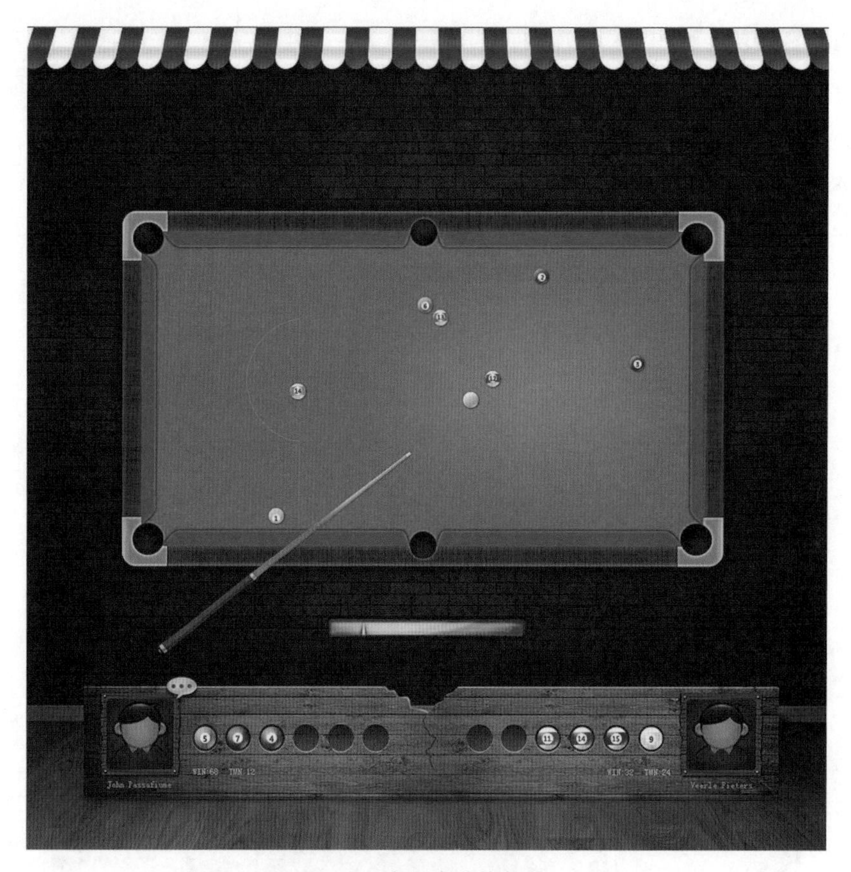

图 6.8　交互方式拟物化

6.3.2　拟物化风格界面的优缺点

1. 优点

- 认知和学习成本低：即使是年长者和幼童也能轻易看懂。
- 人性化的体贴：在智能手机进入人们生活的初期阶段，能很好地引导用户使用和操作。

2. 缺点

- 设计师需要花费大量的时间在视觉的阴影和质感效果上。
- 随着智能手机系统和尺寸的不断翻新，拟物化设计的界面适配起来越来越麻烦，响应式布局难以胜任。

不能说扁平化风格要比拟物化风格更好，拟物化风格设计有多糟糕。制作符合项目需求、深入考虑用户审美偏好的风格才是更好的界面设计。试想，一个可爱宠物养成游戏的App使用纯粹的扁平化，界面设计只有简单的几种颜色，那将是多么令人糟糕的体验。

6.3.3 拟物化设计的技巧

1. 抓住事物的关键元素

拟物化设计是来自于真实环境的，所以想要做出“看起来很像”的界面就要从现实出发，找出事物的关键元素：如果去掉它，就完全看不出来是什么，那么这个元素就是该事物的关键元素。例如，如果去掉了相机镜头，那么就看不出这是一个相机了，相机的圆形带光圈的镜头就是相机的关键元素，如图 6.9 所示。

图 6.9　相机拟物化图标

2. 从竞品出发

可以从相同类型的竞品出发，考虑不同平台下的界面和图标设计。这和扁平化的界面设计步骤是一致的。

3. 生搬硬套是个好主意

在设计的初期，可以采用生搬硬套的方式，将所有的事物或事物的关键元素全部挤到四四方方的圆角矩形中，如图 6.10 所示。这样只需要把精力放在细节的刻画上，操作和实施起来也更加容易。

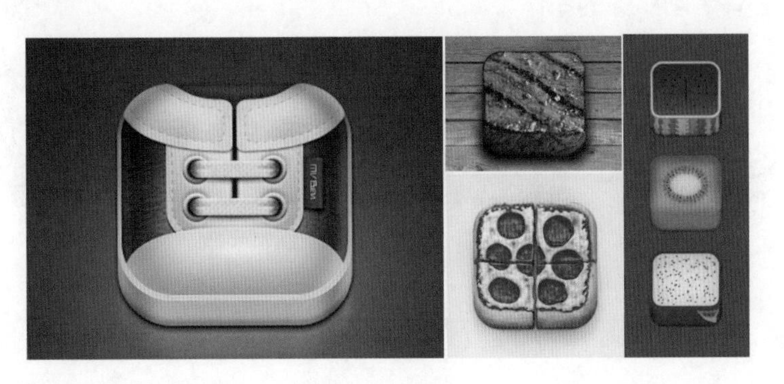

图 6.10　图标（1）

4. 更高级的表现方式

也可以采用其他的表现方式来进行设计，例如通过增加边框底盘、透视、纵深或改变角度将元素更合理地显示在圆角矩形中，如图 6.11 所示。

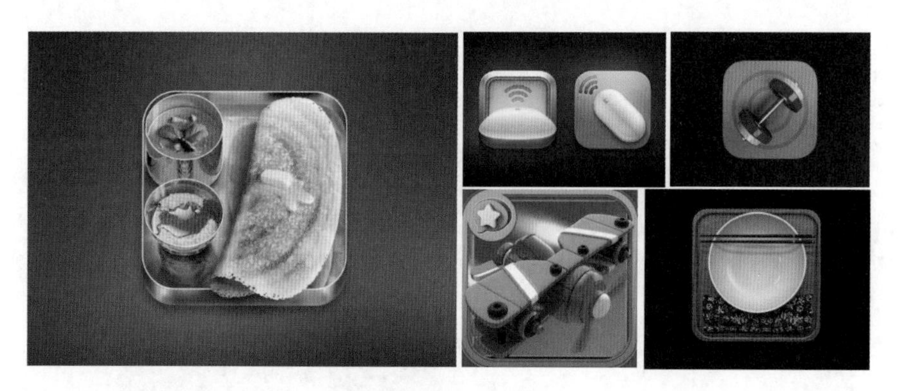

图 6.11 图标（2）

6.3.4 拟物化设计的制作步骤

在实际工作中，一个拟物化设计的制作步骤如图 6.12 所示。

图 6.12 拟物化设计的制作步骤

拿到一个拟物化设计图标（界面）项目时，先从结构布局开始，把整体的样式用草图或线稿的方式描绘出来。确定了布局和结构之后，再去设计整体的颜色，根据需求和主要用户群体的偏好填充大体的色调。iOS 系统一般都会采用顶部光源，为考虑适配，大多数界面和图标也都是用这一角度的光源。在设计的最后调整质感和细节。如图 6.13 所示是一个拟物风格邮件启动图标的制作步骤。

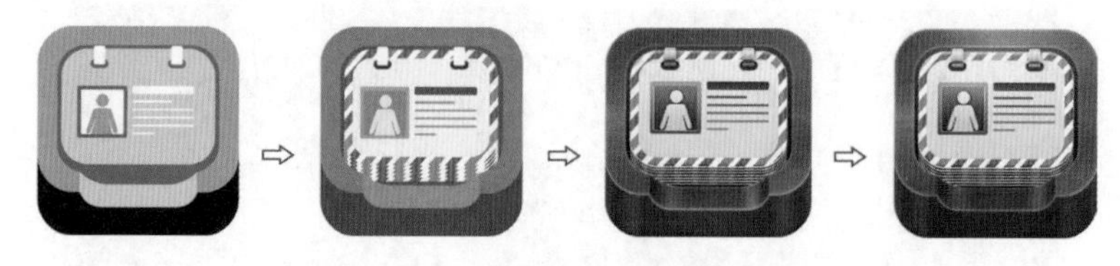

图 6.13 拟物风格图标的制作步骤

6.3.5 实战案例——1号药店启动图标设计

1. 设计要求

（1）尺寸为 1024*1024px，分辨率为 72dpi。

（2）拟物风格，体现医疗类 App 的特点，符合主要用户的审美偏好。

2. 案例解析步骤

（1）绘制图标的整体结构布局，如图 6.14 所示。

（2）确定色调，填充合适的颜色，如图 6.15 所示。

图 6.14　绘制结构布局

图 6.15　填充颜色

（3）确定光源。整体采用顶部光源，在图标内部又增加了一个光源来突出质感和效果，如图 6.16 所示。

（4）细节调整。调整图层的样式，增加渐变、发光、投影、阴影等效果，添加细节和质感，如图 6.17 所示。

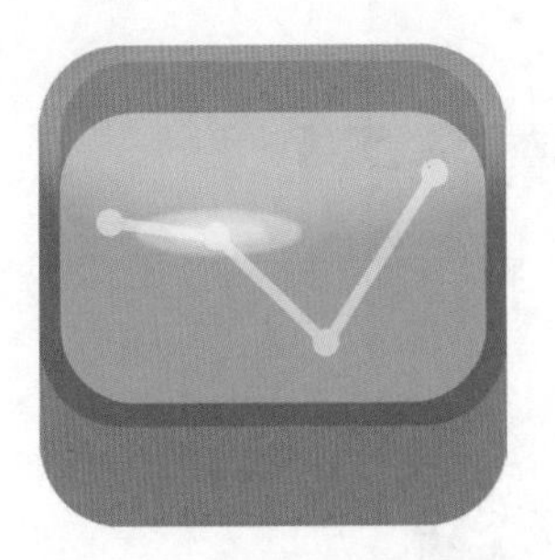

图 6.16　确定光源的位置

图 6.17　细节调整

3. 上机难点解析：虚线的绘制方法

在拟物化设计中，虚线是经常被使用的一个元素，它可以让界面更加细腻，也更有细节。绘制虚线有很多种方法，这里对最简单也最容易操作的一种方法进行详细说明：使用文字工具进行虚线的绘制。

（1）使用文字工具 T. 在画布上直接输入一串减号，通过更改文字面板上的数值 VA 200 可以轻易更改虚线之间的空隙，如图 6.18 所示。

\-\-\-\-\-\-\-\-\-\-

\- \- \- \- \- \- \- \- \- \-

图 6.18　虚线

（2）更改字体，得到不同的线段，如图 6.19 所示。

（3）举一反三，如果输入其他的符号会得到不同的惊喜，如图 6.20 所示。

图 6.19　不同字体的虚线效果

图 6.20　个性化的“虚线”

6.3.6　实战案例——1号药店书架界面设计

1. 设计要求

（1）尺寸为 750*1334px，分辨率为 72dpi。

（2）设计风格：拟物化风格。

（3）设计用途：为用户提供医疗类书籍和参考文献的阅读。

原型图如图 6.21 所示。

图 6.21　原型图

2. 案例解析步骤

（1）打开原型图，利用参考线设置并确定各栏的高度，确定文字的大小使清晰可见。

（2）填充色彩。选择更贴近书架木质结构的棕色，如图 6.22 所示。

（3）通过图层样式的叠加增加质感与细节，最终效果如图 6.23 所示。

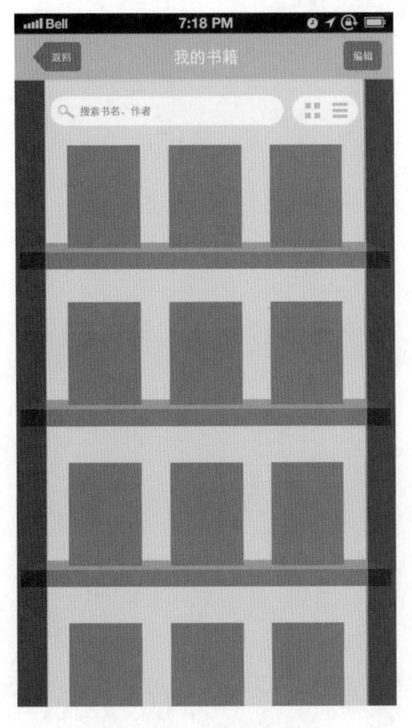

图 6.22　填充色彩

图 6.23　调整细节

3. 上机难点解析

（1）较细的文字避免使用内阴影。

在拟物化风格的界面中，如果使用内阴影对文字进行凹陷处理，文字看起来会比较细，识别度会降低。采用投影图层样式制作的效果既保证了文字识别度保证了效果真实。如图 6.24 所示，左边使用了内阴影，文字看起来过细，识别度降低，右边使用了向上的投影，文字看起来就比较清晰，也能很好地表现质感和效果。

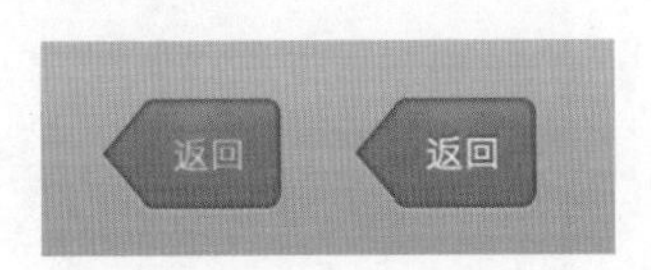

图 6.24　效果对比

（2）物体投影的制作方法。

添加投影可以表现物体的立体效果。使用钢笔工具或矩形工具绘制投影的大致步骤为：在窗口—属性面板中设置投影的羽化值、为投影图层增加蒙版、添加渐变让投影有一定的渐隐效果，如图 6.25 所示。

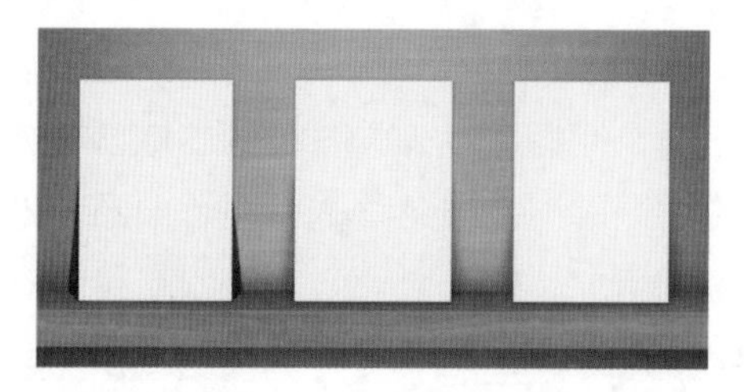

图 6.25　投影制作方法

（3）漂亮的投影形状。

绘制一个矩形，填充深灰色，使用矩形工具画出来的是一个形状图层，可以很方便地通过点击图层列表中的缩略图来更改其颜色。按 Ctrl+T 组合键对形状进行变形，或按住屏幕上方属性栏中的▦对其进行变形，如图 6.26 所示。通过调节手柄可以创造出很多不错的投影形状，然后再在属性栏中进行羽化值的设置，效果如图 6.27 所示。

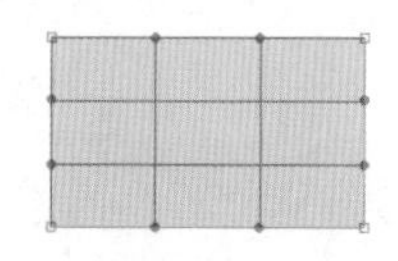

图 6.26　变形

图 6.27　形状各异的图形投影

（4）木纹的处理效果。

通过图层样式中的渐变叠加效果对形状整体的颜色进行处理，如图 6.28 所示。叠加木质纹理创造出逼真的效果，如图 6.29 和图 6.30 所示，最终效果如图 6.31 所示。

图 6.28　处理形状整体的颜色

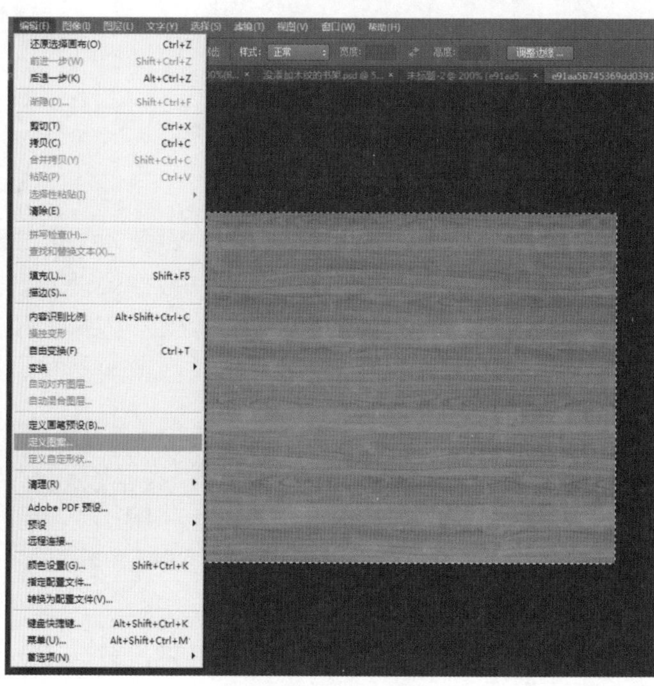

图 6.29　定义图案

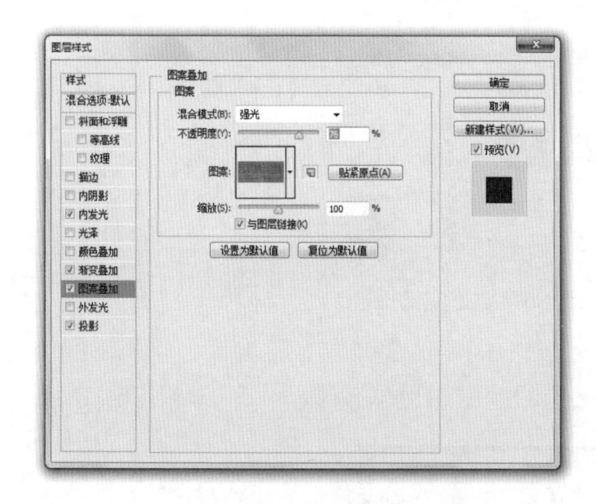

图 6.30 图案叠加

图 6.31 最终效果

6.4 iOS系统与Android系统原生App图标与界面的比较

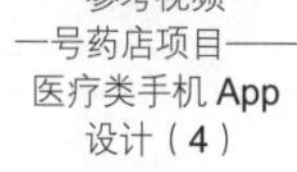

参考视频
一号药店项目——
医疗类手机App
设计（4）

iOS 系统与 Android 系统是智能手机的两大主流操作系统，设计师在考虑手机端 App 界面风格和布局的时候要兼顾双系统下的规范。如何才能制作出既符合 iOS 系统规范又符合 Android 系统规范且视觉风格高度统一的界面是手机端界面设计师必须掌握的技能。

6.4.1 iOS系统与Android系统的差异

iOS 系统是苹果公司开发的一款主要应用于iPhone的封闭式手机操作系统，在标准化、软件、硬件、适配上都表现得非常专业，拥有良好的用户体验和完善的售后服务。由于一家独大，iOS 系统的 App 审核格外严格，监管力度也非常大。

Android 系统是基于 Linux 内核的操作系统，由 Google 于 2007 年发布，源代码开放，很多生产公司都可以对其进行修改和调整，所以 Android 系统的手机在标准化、软件、硬件、适配等方面都表现得参差不齐，相对于审核严格的 App Store 来说，Android 系统手机 App 的审核要相对宽松得多。

6.4.2　iOS系统与Android系统原生图标的比较

原生 Android 系统的启动图标使用不规则图形，如果使用类似 iOS 系统的圆角矩形，看起来也比 iOS 系统更为方正。启动图标一般都会带有一点俯视效果。在风格上强调一定的质感和厚度，如图 6.32 所示。

图 6.32　原生 Android 系统的启动图标

原生 iOS 系统的启动图标必须是圆角矩形的，采用顶部光源。随着扁平化风格的流行，其启动图标和界面越来越趋于扁平化，顶部光源的概念也越来越弱化了，如图 6.33 所示。

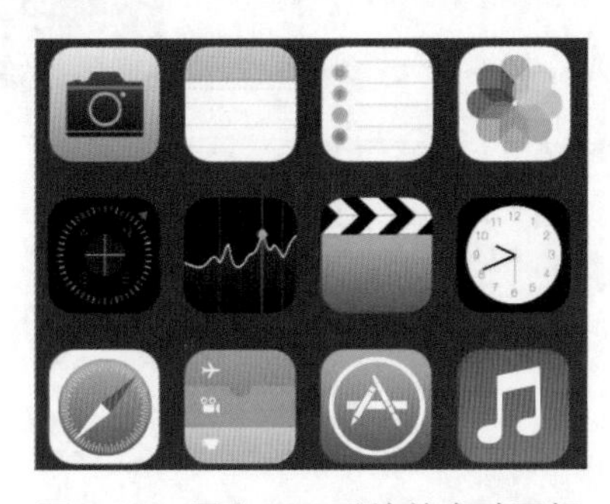

图 6.33　原生 iOS 系统的启动图标

6.4.3　iOS系统与Android系统原生App界面的比较

这里只对 iOS 系统与 Android 系统手机自带的 App 界面进行讨论与研究。

1. iOS 系统与 Android 系统字体的比较

iOS 系统 App 使用的默认英文字体是 HelveticaNeue，默认中文字体在 iOS9 系统之前使用的是华文细黑，iOS9 系统之后使用的是苹方字体，不支持内嵌字体，如图 6.34 所示。

图 6.34　iOS 系统字体

Android 系统的默认英文字体是 Roboto，默认中文字体一般使用微软雅黑或方正兰亭，支持内嵌字体，如图 6.35 所示。

Droid Sans Fallback
安卓APP标准中文字体

壹贰叁肆伍陆柒捌玖拾
ABCDEFGHIJKLMNOPQRSTUVWXYZ1234567890

图 6.35　Android 系统字体

相比较来看，iOS 系统的默认字体更纤细、文弱，Android 系统的默认字体更方正，笔画也更粗。

强调文字的可识别性，不要只在电脑上测试文字的大小，而是要将界面导入测试机，模拟产品的实际模样，在测试机上查看文字是否清晰可见。为考虑适配，建议使用双数字号。

2. iOS 系统与 Android 系统界面的比较

（1）物理返回键。

Android 系统界面与 iOS 系统界面最大的区别在于 Android 系统手机在界面下方有“物理返回键”，目前更流行的做法是把物理返回键内置为虚拟的返回键，如图 6.36 和图 6.37 所示。

图 6.36　Android 系统手机

图 6.37　iOS 系统手机

（2）界面尺寸。

智能手机的设计本身符合人体工程学，这就意味着屏幕的大小要符合用户手掌握持的要求，所以身为智能手机的操作系统，双系统对界面的尺寸要求极为相似。

为考虑适配，Android 系统的手机可以从 1080*1920px 这个尺寸开始设计，iOS 系统同样也有这一个尺寸，所以设计师在用这个尺寸进行设计时，可以保证中心区域的元素无论在大小还是样式上都非常好统一。Android 系统与 iOS 系统各分辨率下的栏高如表 6.1 所示。

表 6.1　Android 系统与 iOS 系统各分辨率下的栏高

设备	屏幕大小（像素）	状态栏高度（像素）	导航栏高度（像素）	标签栏高度（像素）
安卓超高屏幕 XXHpid	1080*1920	75	144	144
iPhone6 plus 物理版	1080*1920	54	132	146

究竟使用1080*1920px还是按照测试机尺寸或其他尺寸，请先征询公司资深设计师或产品经理的意见或建议。

（3）可点击区域。

为给设计师们提供较为准确的工程学指标，对按键操作进行精密的实验设计必不可少。手机的可点击区域在 7 ~ 9mm 左右，用食指操作，触击范围在 7mm 左右比较合适；而用拇指操作，合适的触击范围需要在 9mm 左右，如图 6.38 所示。所以无论是何种系统的手机界面，都要保证用户可点击和触摸的区域要大于这个数值。如果由于界面尺寸和产品需求限制，可点击区域的长宽无法达到这一要求，那么至少要保证一条边长在这个数值以上。

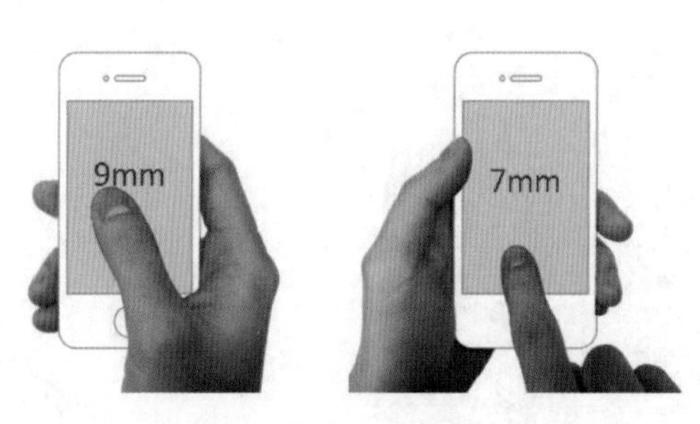

图 6.38　可点击区域尺寸

在设计 iOS 系统和 Android 系统手机界面的时候，若采用 1080*1920px 尺寸进行设计，可以参考 Android 系统间隔 8dp、最小点击区域为 48dp 这个推荐尺寸，即在使用 1080*1920px 尺寸设计界面的时候，建议元素间隔 24px，最小可点击区域为 144px。为考虑双系统各个尺寸之间的适配，所有元素的尺寸至少要保证是双数。如果使用 1080*1920px 这个尺寸进行设计，元素的尺寸建议可以被 6 整除。

（4）栏。

对于双系统来说，存在各种各样的栏，它们的名字各有不同，功能也不甚相同。

1）标签栏放置位置不同。

双系统的原生 App 界面中区别最大的栏就是标签栏：iOS 系统原生 App 界面中的标

签栏一般放在界面的最下方，Android 系统原生 App 界面中的标签栏一般在顶端，这可能是由于 Android 系统手机在界面下方存在物理返回键，所以将标签栏放在屏幕顶端，这样可以防止用户误操作，如图 6.39 所示。

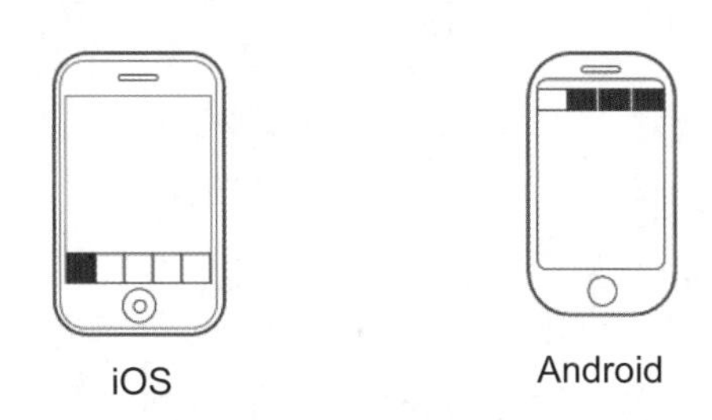

图 6.39　双系统标签栏位置

2）导航栏差异巨大。

原生 App 界面中，iOS 系统导航栏一般标题居中，而 Android 系统导航栏一般偏好标题居左。如图 6.40 所示，iOS 系统短信界面中，“信息 (1)” 标题居中，左右放置用户常用的功能；Android 系统短信界面 “信息功能” 标题居左，一般还会在标题前加入图标，导航栏右边放置用户常用的功能。

图 6.40　双系统的导航栏区别

3）二级页面导航栏左边都要有返回按钮。

在二级页面导航栏左边放置返回按钮，在这一点上双系统的界面风格是一致的，都是要保证用户能很方便地找到回去的路径，防止用户在 App 中迷失，如图 6.41 所示。

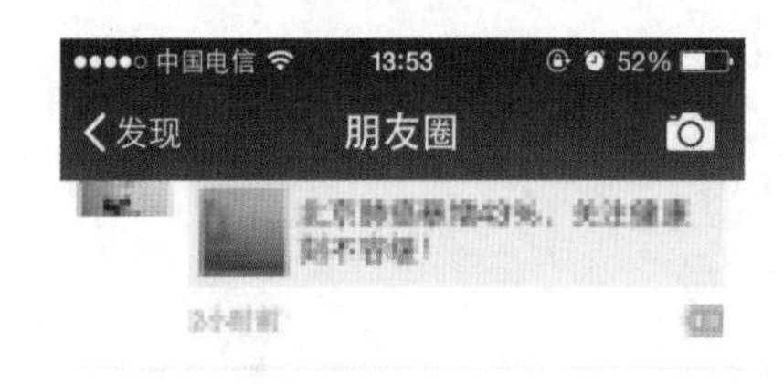

图 6.41　左侧返回按钮

4）界面细节略有不同。

双系统原生界面视觉上还是略有差异的，如图 6.42 所示，左边是 iOS 系统的拨号界面，采用圆形的按键，界面布局模拟真实环境中的实际电话来进行设计，虽然摒弃了拟物化的风格，采用了扁平化的视觉表达方式，但是其操作方式和现实情况基本保持一致；右边是 Android 系统的拨号界面，视觉风格上有一定的质感，添加了更多的细节，看起来要比 iOS 系统的拨号界面更厚重，采用矩形的按键，交互方式也与现实情况保持一致，在拨号键盘的上方展示了用户最近的拨号列表。

图 6.42　界面细节对比

6.4.4　实战案例——双系统下的1号药店界面原型图设计

1. 项目需求

设计制作 1 号药店首页原型图。

2. 设计要求

（1）设计尺寸为 1080*1920px，分辨率为 72dpi。

（2）规范：兼顾双系统界面设计规范。

（3）保证双系统下界面布局、视觉风格、交互方式保持一致。

（4）使用默认字体，保证文字清晰可见，可点击区域要足够大，容易被用户点击和操作。

3. 案例解析步骤

（1）新建 1080*1920px 的画布，命名为“首页原型图 -Android 系统.psd”，使用简单易懂、有规律、有规则的命名方式，便于设计师后期的查找与制作，如图 6.43 所示。

（2）为统一适配，保证可点击区域的尺寸，建立 24px 的网格系统，如图 6.44 所示。依据双系统界面设计规范的数据，使用矩形工具或辅助线绘制出界面元素。

图 6.43 建立文件

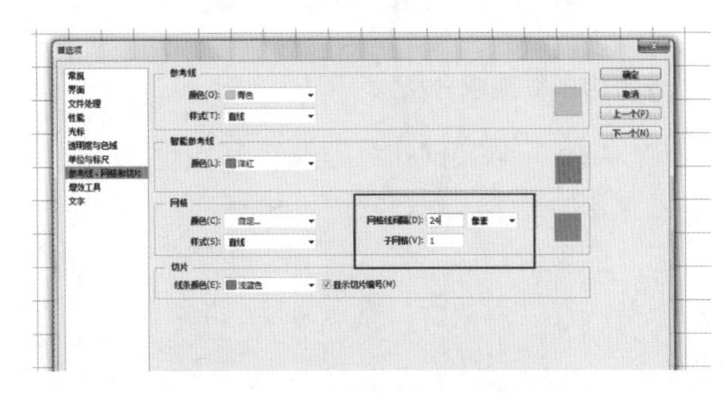

图 6.44 设置 24px 的网格系统

（3）根据需求绘制 1 号药店主界面，如图 6.45 所示。

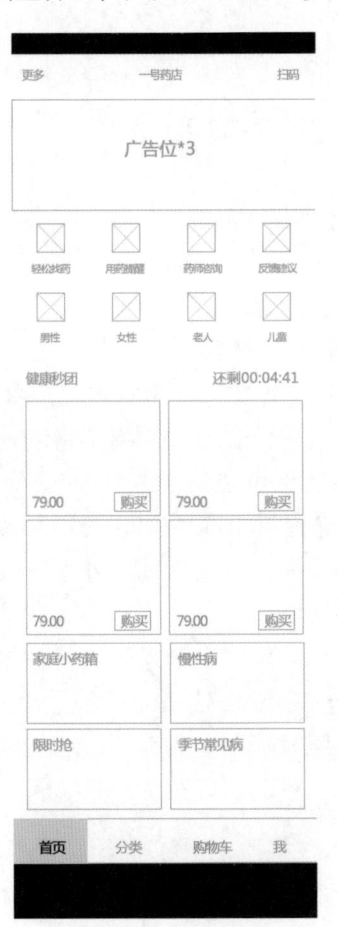

图 6.45 原型图

参考视频
一号药店项目——
医疗类手机 App
设计（5）

6.5 1 号药店项目——医疗类手机 App 设计分析

6.5.1 1号药店项目需求及主要目标用户分析

1. 1 号药店项目需求分析

1 号药店 App 秉承诚信的经营理念，为千家万户提供优质的医药健康产品和用药服务，为顾客提供专业的义诊、用药提醒、药师咨询、健康百科、专题导购、营养搭配建议等特色服务，此外还提供药品点评、全程订单跟踪、货到付款、移动 POS 刷卡、手机购物等多种便捷服务。在无线端，1 药网拥有“1 号药店”手机 App，为顾客提供一站式移动购药便捷体验。

2. 1 号药店主要目标用户分析

1 号药店主要目标用户以熟练使用智能手机的用户为主，年龄大概在 22 ～ 45 岁之间，并没有针对性比较强的人群。

6.5.2 1号药店项目设计规划

（1）确认项目需求，确立界面结构布局。设计师在拿到文字需求或原型图时，第一时间不是打开 Photoshop，而是要先查看其结构布局是否符合项目需求、是否符合手机界面的常见展示方法，如果发现异议要及时与产品经理进行沟通。关于如何确定界面的布局在蘑菇街项目“确立结构布局”一节中有详细的阐述。

（2）标准化原型图。当界面的结构布局确立之后，需要设计师将原型图进行标准化，根据新建画布的尺寸来进行，同时还要考虑从哪个系统开始制作和设计。在这里推荐一个比较不错的方法：从 1080*1920px 这个尺寸开始进行 iOS 系统界面的设计，再根据 Android 系统界面 xxhdpi（同样也是 1080*1920px）版本的建议值进行修改，即可同时兼顾双系统下的界面规范，或者使用测试机的尺寸进行设计，这样比较方便进行预览和测试。

（3）确立界面视觉风格。界面风格究竟是采用扁平化，还是运用微质感，还是模拟真实环境？界面色调是否要考虑其他终端的产品，还是与同质产品保持一致，还是孤注一掷采用完全不同的色彩？是要强调规范化的美学，还是要选择艺术化的洒脱？这些都要从产品定位出发，从主要用户的审美偏好出发，不能任凭设计师和产品经理天马行空的想像。如果用户是年轻的新生一族，界面可以更倾向年轻风格，视觉表达上也可以更随意；如果用户是比较老成的商务人士，界面上就应该更稳重，视觉表达上也应该更中规中矩。

6.5.3 实战案例——1号药店手机App首页界面设计

1. 设计要求

（1）尺寸：按照测试机实际尺寸进行设计，即 750*1334px。

（2）分辨率：72dpi。

（3）按照 iOS 系统规范进行设计。

原型图如图 6.45 所示。

2. 案例重点解析

（1）整体界面采用拟物化风格进行设计，在色调上采用温柔的蓝色和浅浅的米色，看起来更温和、更柔软。

（2）绘制遮阳棚，最终效果如图 6.46 所示。

图 6.46　拟物化风格的遮阳棚

遮阳棚是拟物化风格界面中最常使用的元素之一，它能很好地突出特点，制造出仿真店铺的界面。通过图 6.46 可以看出，遮阳棚是由连续的有规律的长圆形状组成的，那么我们可以从基础的图形元素出发，通过智能对象图层来进行罗列和排布，这样在后期进行修改和装饰时也可以起到一劳永逸的作用。

第一步：使用圆形和矩形工具绘制两个长圆形状，如图 6.47 所示。

第二步：通过图层样式叠加为基础图形添加各种细节和质感，如图 6.48 至图 6.52 所示。

图 6.47　绘制基础元素

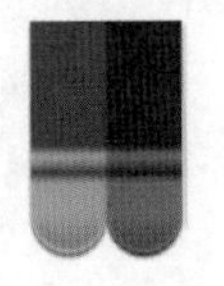

图 6.48　效果呈现

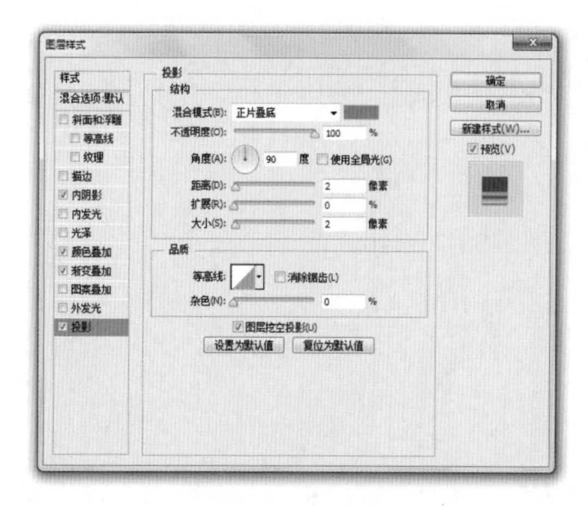

图 6.49　添加投影

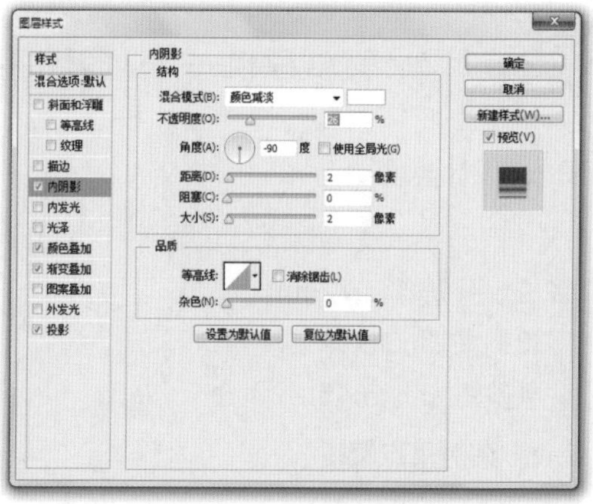

图 6.50　添加内阴影

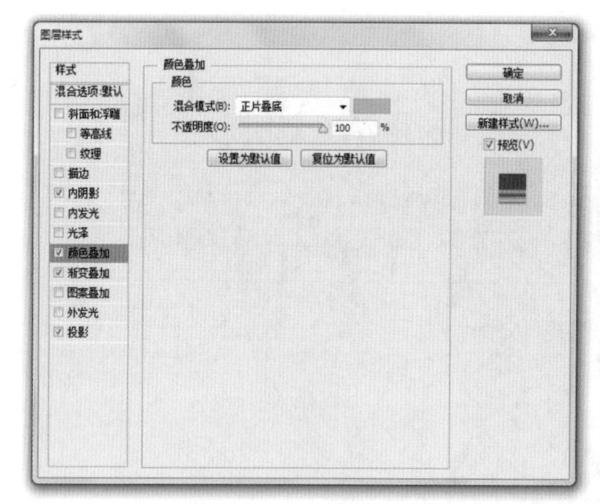

图 6.51　颜色叠加

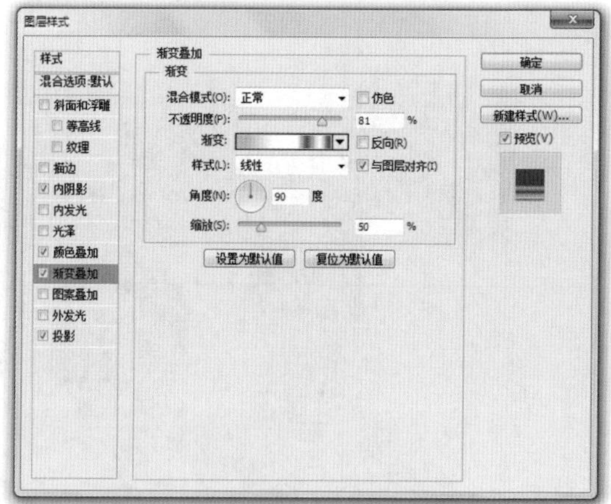

图 6.52　渐变叠加

第三步：将这两个基础元素一起转化为智能对象图层，如图 6.53 所示。

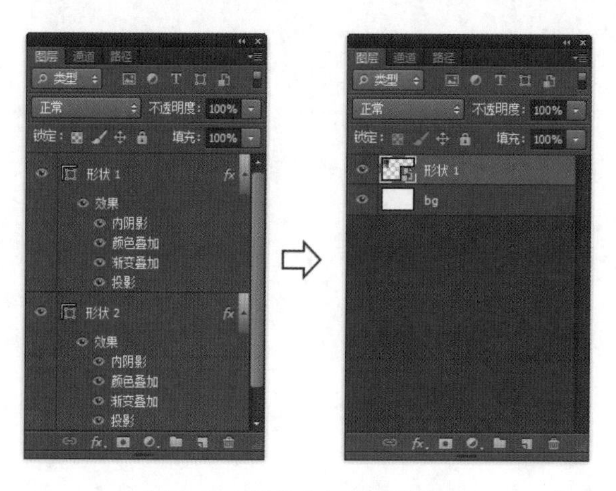

图 6.53　转化为智能对象图层

第四步：在画布上不断复制该智能对象图层，然后使用属性栏中的平均分布进行对齐，如图 6.54 所示。

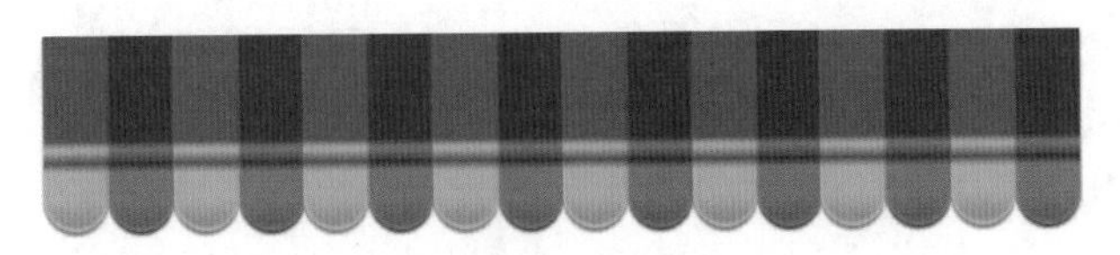

图 6.54　对齐

第五步：在图层最上面新建一个长条矩形，然后增加图层样式，尤其是使用投影来增加前后关系，突出质感，最终效果如图 6.55 所示。

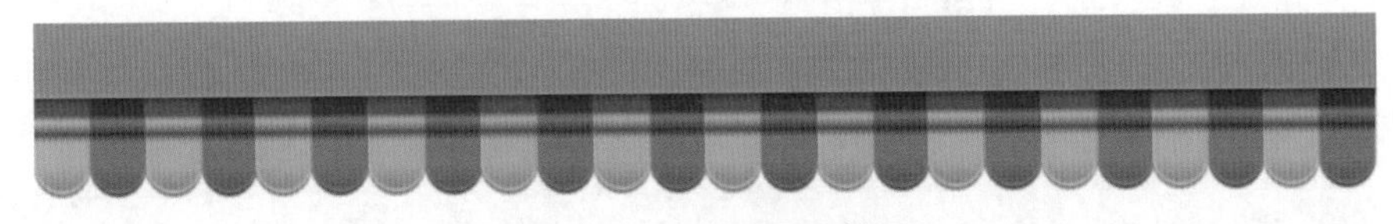

图 6.55　遮阳棚最终效果

经验总结

可以通过很多方式对元素进行图层样式的叠加，设计师在实际工作中可以寻求一套比较适合自己的方法，以便于修改和复用。

6.6　移动端 App 登录、注册界面设计

无论是网站设计还是 App 设计，登录和注册界面都是产品转化的一个关键入口。下面将详细阐述如何才能制作出效果佳、操作方便的登录和注册界面。

6.6.1　移动端登录、注册界面的设计原则和注意事项

1. 充分考虑手机端用户的使用习惯

合理保留和调用用户的信息，尽量避免繁琐的键盘操作。使用第三方注册登录，这样可以直接调用一些常用的用户信息，如姓名、性别、电话、地理位置、头像等。将某些不重要的个人信息作为选填项目，并支持在设置中进行详细补充。提供更简单和更少步骤的登录、注册流程。

2. 避免第一时间要求用户注册和登录

如果不是必要的，请不要在第一时间要求用户注册和登录。可以提供不需要注册和登录的试用版本，当牵扯到较为私密的内容或必要的功能时再向用户提出登录和注册的要求是较易被接受的，例如当需要用户结账的时候向用户要求登录或注册。不过如果 App 本身私密性较强，可以在第一时间要求用户注册登录，否则就会让人感到烦闷。

3. 及时给予明确的反馈

充分考虑到输入框内的格式要求，在输入框内用浅色文字对账号进行说明：需要用户提供数字、字符还是邮箱号码。这样一来用户在操作时可尽量避免输入错误而带来的烦恼。在密码框中需要对密码的长度进行说明，例如 6 ~ 12 位密码等字样。需要用户使用纯数字进行输入时应该默认调用的是数字键盘，如图 6.56 所示。

图 6.56　输入框中的文字说明

4. 登录、注册界面仍旧归属于 App，所以界面风格要与其他界面统一

界面风格要与项目需求统一，符合主要用户群的审美取向。

6.6.2　移动端登录、注册界面的设计方法

1. 登录、注册界面的常见界面元素

- 登录框：用户填写信息或注册邮箱地址，并常常有字符数量限制。
- 登录密码：一般为数字和字符的组合，并常常有字符数量限制。
- 登录按钮。
- 忘记密码按钮或文字链接。
- 注册框、设置密码、注册密码。
- 关联其他账户。
- 条约说明。
- 帮助。

注意

并不是所有的登录、注册界面都要包含上述所有的元素，具体需要包含的内容和布局需要根据产品来进行设计。

2. 登录、注册界面的常见表现形式

（1）登录与引导两不误。

在 App 启动的第一时间，即在引导页面提供登录或注册入口，给予引导的时候提供登录或注册的按钮，如图 6.57 所示。

图 6.57　引导页的登录和注册按钮

使用这种表现方式可以在第一时间提供登录注册入口，有效地减少用户点击次数，同时保留用户选择的权利，而且不强迫用户进行操作，用户可以跳过或直接忽略登录和注册而直接进行 App 的使用。

因为受到排版上的限制，界面上往往只能显示“登录”和“注册”两个按钮，用户登录或注册的话还需要再点击一次才能开始输入账号和密码。

（2）登录和注册都需要跳转到二级页面。

移动端 App 同时向用户提供登录和注册按钮，即将两个按钮统一放在一个界面中，如图 6.58 所示。这种布局方法可以最大限度地保证界面功能的简洁，在结构上也更加清晰，同时可以向用户呈现更多的视觉效果和想象空间，但是仍旧需要用户多一步点击才能进行具体的操作。

图 6.58　按钮统一放在一个界面中

（3）直接使用第三方登录。

使用第三方进行登录和注册是目前比较流行的一种做法，它可以对一些用户的基础信息直接进行调用，不需要用户输入即可获取诸如姓名、性别、生日、地理位置等信息，如图 6.59 所示。

图 6.59　使用第三方进行登录和注册

当使用第三方登录和注册的时候，一般会在视觉上给予明确的提示，加入第三方的图标或Logo，如常用的第三方社交平台：QQ、新浪微博、百度账号、豆瓣、微信等。

（4）登录高于注册，分别显示在两级界面中。

一般情况下，用户只需要注册一次，登录的次数要远多于注册，所以目前比较主流的显示方法是将登录显示在一级界面中，将注册显示在下一级界面中。如图6.60所示，登录显示在一级页面中，提供注册按钮跳转到下一级界面进行详细填写。

（5）注册和登录是统一的，直接通过手机验证码登录。

App可直接使用手机验证码进行登录、注册，如图6.61所示。

图6.60　登录

图6.61　使用验证码登录

不需要繁琐的注册流程，不需要记密码，用户使用手机可以实现一键登录、注册，可以很好地保证账号的安全性和账号的身份认证，降低恶意注册的几率，从而提高用户质量。但是由于没有密码，对于有PC端站点的平台而言，登录时必须携带手机，对于跨平台的登录、注册流程来说相对会比较难以统一。

（6）注册和登录是分开的，并且注册高于登录。

有的App与网页端产品结构保持高度统一，要求用户首先注册，然后再进行登录，如图6.62所示。它的优势是多平台登录体验保持一致，符合网页端用户的基本习惯，但是注册、登录过程过于繁琐，要求用户进行大量的输入操作，手机端用户很有可能还没有完成注册就会中途退出，使流失率大大增加。

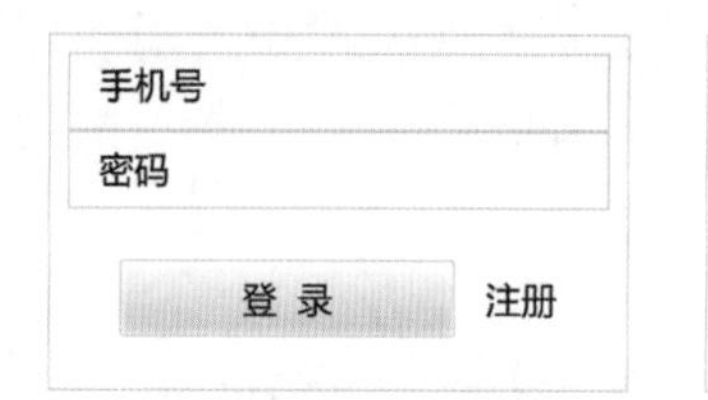

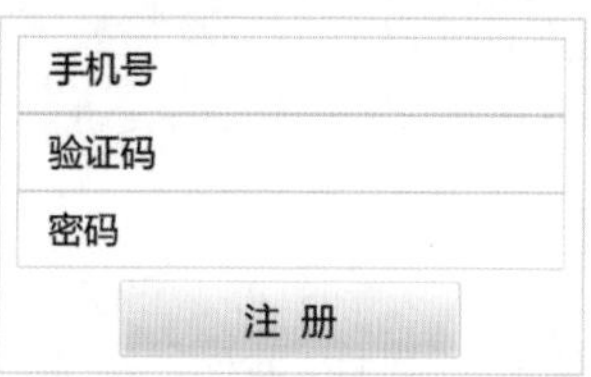

图 6.62　登录、注册界面

（7）一键登录。

点击“一键登录”，App 后台将发送一条短信给服务器并在获取授权后自动登录，密码可以自主选择在个人设置中进行修改，如图 6.63 所示。

图 6.63　一键登录

仅适用于Android系统的手机App，较少被使用。

6.6.3　实战案例——1号药店登录原型图界面设计

1. 项目需求

（1）整合产品经理提供的需求，合理布局完善登录、注册界面结构。

（2）完成登录、注册界面的视觉设计。

（3）产品经理提供登录、注册界面需求，内容为：

手机号、验证码、密码、重新输入密码、昵称、性别、生日、星座、血型、住址、用户头像、有无过敏史（常见过敏物选择）、其他。

2. 案例解析步骤

（1）筛选需求，果断砍掉繁琐无用的部分，保留合理的部分：手机号、验证码、密码。

（2）避免重复输入：从生日可以推断出星座，从手机的信息中可以提取用户的所在地，提供忘记密码或重置密码的选项。其他信息并不是系统一定要知道的信息，需要的时候再采集也不迟。

（3）明确流程，明确各个界面包含的元素，如图 6.64 所示。

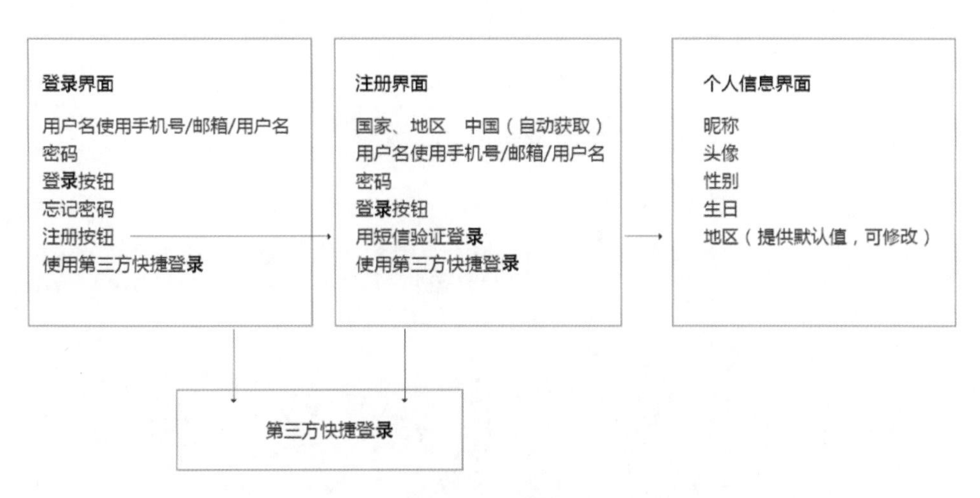

图 6.64　罗列功能

（4）选择合适的布局和结构，重新规划线框图，在保留双系统差异的前提下尽量对界面进行统一，保证核心区域的布局一致，如图 6.65 和图 6.66 所示。

图 6.65　iOS 系统手机 App 原型图　　图 6.66　Android 系统手机 App 原型图

（5）根据原型图对界面进行拟物化风格设计，最终效果如图 6.67 所示。

图 6.67　1 号药店登录界面

本章总结

- 移动医疗 App 一般可以分为五种：满足寻医问诊需求的应用；满足专业人士了解专业信息和查询医学参考资料需求的应用；预约挂号及导医、咨询和点评服务平台；医药产品电商应用；细分功能产品应用。
- 拟物化设计是产品设计的一种元素或风格，方便用户认知，最大限度地降低用户的学习成本。
- 拟物化风格界面的优点：认知和学习成本低，即使是年长者和幼童也能轻易看懂；人性化的体贴。
- 拟物化风格界面的缺点：设计师需要花费大量的时间在视觉的阴影和质感效果上；随着智能手机系统和尺寸的不断翻新，拟物化设计的界面适配越来越麻烦，响应式布局难以胜任。

学习笔记

本章作业

1. 寻找双系统下原生App的界面截图，分析它们的异同：通讯录、短信、记事本、设置等。

2. 重新设计1号药店的启动图标设计。

3. 设计绘制“我”界面。

设计要求：根据图6.68所示的原型图设计界面，注意视觉风格要与主界面保持一致，以及整套图标的一致性与可识别性。

图6.68 参考素材

4. 按照1号药店原型图重新设计其界面风格，更改风格为扁平、微质感。

作业讨论区

访问课工场UI/UE学院：kgc.cn/uiue（教材版块），欢迎在这里提交作业或提出问题，你将有机会跟课工场的专家以及共同学习本书的小伙伴一起探讨切磋！

第7章

刀塔传奇项目——游戏类手机App设计

● 本章目标

完成本章内容以后，您将：

- 熟悉游戏类App设计理论。
- 掌握游戏类App界面的设计技巧。
- 注重设计细节。

● 本章素材下载

- 请访问课工场UI/UE学院：kgc.cn/uiue（教材版块）下载本章需要的案例素材。

本章简介

随着手机自身性能的发展与手机游戏的普及，手机游戏经历了孕育期、快速发展期和成熟期。随着越来越多的智能手机、高端移动设备的出现，手机游戏已经成为人们生活中不可或缺的一部分，成为时下流行的消遣方式。

本章将从产品经理和 UI 设计师的角度，通过游戏类 App——刀塔传奇项目的 UI 设计对游戏类 App 的设计理念和设计技巧进行详细讲解。

7.1　刀塔传奇项目——游戏类手机 App 设计需求概述

参考视频
刀塔传奇项目——
游戏类手机 App
设计（1）

刀塔传奇主要以手机为运行载体，兼容 iOS 系统和 Android 系统，在界面上以欧美卡通 Q 版为主要设计风格，符合亚洲人的审美偏好；在操作上，游戏中所设计的各种游戏模式与相关细节更利于在智能手机上操作和使用。

7.1.1　项目名称

刀塔传奇项目——游戏类手机 App 设计

7.1.2　项目定位

刀塔传奇是大多数玩家都相当熟悉的卡牌游戏类型的手机网游。项目定位要求符合手机玩家的审美偏好，着眼于创新类卡牌游戏。界面非常简洁、直观，入手简单，操作容易，如图 7.1 所示。

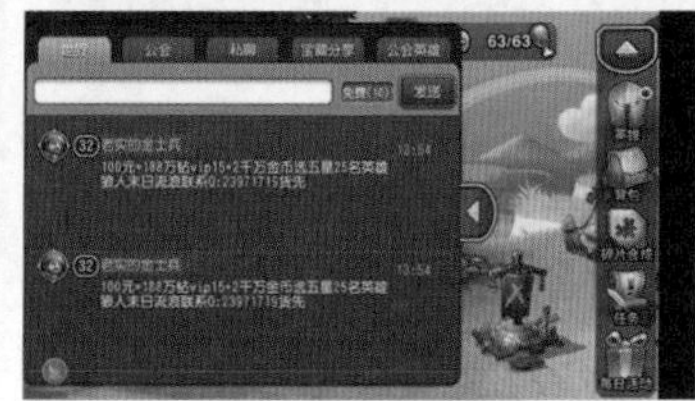

图 7.1　刀塔传奇 App 界面展示

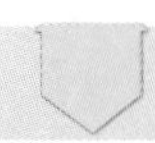

7.1.3 刀塔传奇背景

刀塔传奇是由莉莉丝游戏开发、龙图游戏发行的一款动作卡牌手机游戏，玩家可以收集到 Q 版英雄，通过装备附魔、技能升级、英雄进阶提升战队战斗力。游戏继承了老一代卡牌简单明快的优点，同时在战斗系统上进行了深度革新，在战斗中玩家可以手动释放大招技能，实现打断技能、击杀英雄等。对于更具体的刀塔传奇背景，大家可以上网进行搜索。

7.1.4 刀塔传奇App项目需求

作为创新动作卡牌游戏 App，刀塔传奇希望能带给玩家不一样的游戏体验，其手机端 App 项目项目需求如下：

（1）兼顾 iOS 系统和 Android 系统设计规范，设计并制作出符合亚洲玩家审美偏好的 App 界面。

（2）符合手机端用户的使用习惯和审美偏好。

（3）混合动作、RPG、养成、卡牌类游戏特征，摒弃传统的卡牌表现方式，使用 Q 版人物来进行游戏战斗，将玩家的操作及时有效地反馈在界面上。

（4）需要设计并绘制场景界面、英雄详情页、全部英雄列表页。

7.1.5 刀塔传奇App风格要求

刀塔传奇设计的主题风格以 Q 版为主，采用立体化设计，人物设计、场景设计非常出色，Q 版英雄形象、画面受玩家欢迎，人物动态化设计到位。观看英雄属性卡片时点击英雄会有动画显示，非常生动。

刀塔传奇的界面简洁、直观。聊天界面设计在左侧靠边，使用时可以横拉出来，操作简单，符合用户体验。

7.2 游戏类 App 设计理论

参考视频
刀塔传奇项目——
游戏类手机 App
设计（2）

互联网自出现以来，最受欢迎的应用类型非游戏类莫属。从最早的单机游戏到现在充斥人们生活碎片时间的手机游戏，无论其数量、种类还是风格都令人惊叹。

（1）网络游戏：Online Game，又称在线游戏或网游，通常以个人电脑、平板电脑、智能手机等载体为游戏平台，通过网络传输的方式实现单个用户或多个用户同时参与，通过对游戏中人物角色或者场景的操作来实现娱乐、交流。

（2）移动游戏：指运行在移动终端上的游戏，移动终端广义上包括智能手机、平板电脑、车载电脑等，目前常指智能手机和平板电脑。移动游戏包括移动单机游戏和移动网络游戏。

7.2.1 游戏类App的常见分类

可以从很多角度对游戏进行分类，这里列举了比较常见的分类方式。

（1）按照平台来分：街机、电脑 PC、游戏机、智能手机、移动电脑。

（2）按照类型来分：动作游戏（Action Game，ACT）、射击游戏（Shooting Game 或 Shooter Game，STG）、格斗游戏（Fighting Game，FTG）、冒险游戏（Adventure Game，AVG）、模拟游戏（Simulation Game，SIM 或 SLG）、角色扮演游戏（Role-playing game，RPG）、策略游戏（Strategy Game）。

（3）其余大美：音乐游戏（Music Game）、节奏游戏（Rhythm Game）、休闲游戏（Casual Game）、体育游戏（Sport Game）等。

（4）按照任务线程来分。

1）单线目标：游戏主要以单一任务为目标，如吃豆豆、贪吃蛇、扫雷等，如图 7.2 所示。

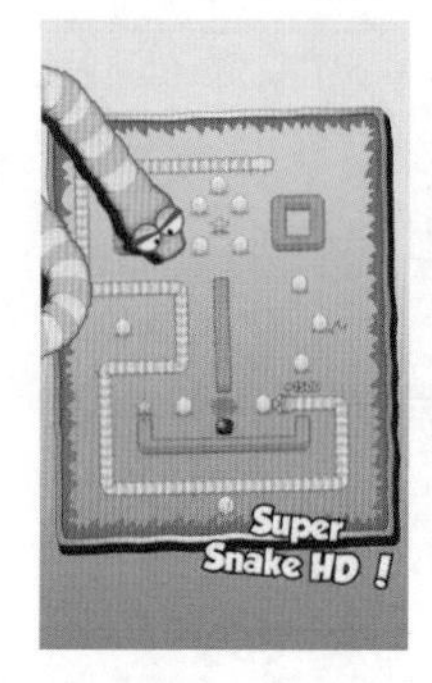

图 7.2 单目标游戏

单线目标游戏的游戏方法很容易被用户习惯，上手快、学习成本低，但它的优点同时也成为了它的缺点：如果用户在游戏过程中遇到难关过不去的话，就容易被卡死。解决方案是提供过关宽容度，例如提供过关的星级：三星很难过关，一星还是可以挣扎着通过的，如图 7.3 所示。

图 7.3　碎碎曲奇过关界面

保卫萝卜 App 在后期增加了天天向上模式和每日一站模式，虽然使用的是同样的地图和过关方式，但是进行了不同的产品包装和噱头，让用户更有新鲜感，如图 7.4 和图 7.5 所示。

图 7.4　保卫萝卜每日一战模式

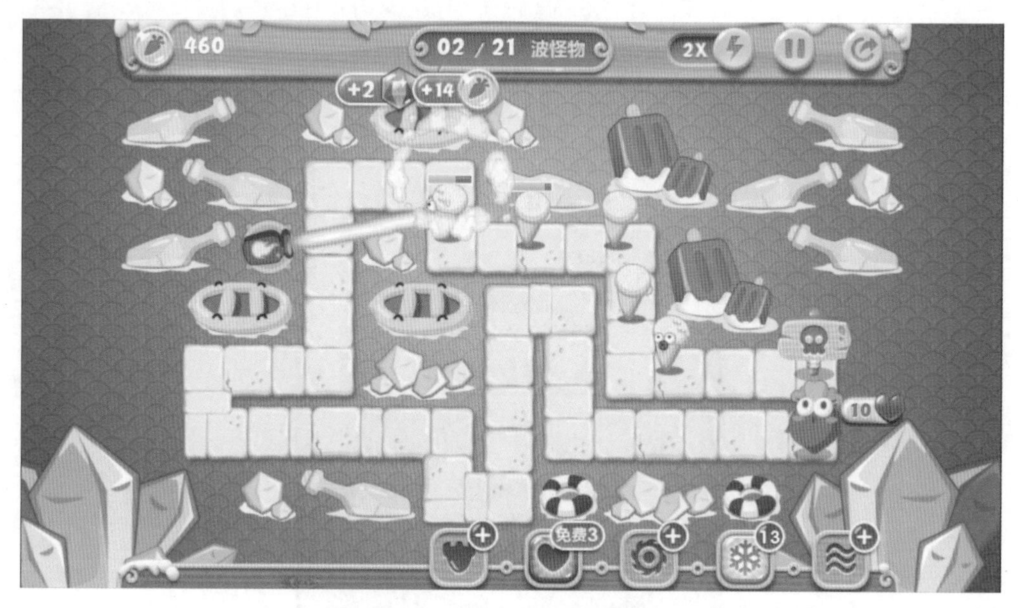

图 7.5　保卫萝卜天天向上模式

2）多线目标：游戏架构较大，向玩家提供更多玩法，任务系统呈散射状。大部分的网络游戏都是多线目标游戏，如刀塔传奇、魔兽世界、梦幻西游、诛仙、勇者斗恶龙等，如图 7.6 所示。

图 7.6　多线目标游戏

一游戏一世界，多线目标游戏提供多种不同的玩法，用户粘性有保障，但由于架构较大，需要一定的学习成本。

7.2.2 游戏类App的特点

1. 市场巨大

越来越多的智能手机与平板电脑、越来越随处可见的网络、越来越多的用户带来了越来越多的App开发者和越来越多丰富多彩的游戏。利用智能手机与用户形影不离的特征，用户的碎片时间被充分利用，游戏类App高速发展，迅速增长。

2. 竞争激烈

庞大的游戏数量导致了中小成本游戏越来越难脱颖而出，推广成本逐步高升，运营成本增加，同质化严重。一款游戏产品火了之后，同类相似产品迅速流出，例如：三国题材、西游题材的游戏，以及诛仙魔幻、城市建设类的产品越来越多。同质化带来的后果就是游戏产品生命周期越来越短，玩家可选择性增多，忠诚度越来越低。

3. Android平台仍占据中国游戏市场主力地位

虽然iOS系统平台优势明显，但Android系统的游戏类App数量目前仍占主导地位。相较于数量而言，质量上iOS系统游戏类App略胜一筹，iOS系统游戏用户的人均消费为Android系统游戏用户的三倍以上。

4. 动作和益智类游戏最受欢迎

游戏的盈利点较明确，休闲游戏是目前最受关注的游戏类型。

7.2.3 游戏类App的常见视觉风格

游戏类App视觉风格一般会跟随游戏中场景和人物的风格而定，目前并没有十分明确的分类，不过行业中可以大体分为：2D风格、3D风格、2.5D风格；像素、点阵、位图；厚涂、清新、唯美；卡通、写实；中国风、日韩风、欧美风；现代、古装、科幻、架空等。

架空类游戏是指游戏背景、人物、历史统统都是虚构出来的，按照虚构的程度通常分为全架空和半架空。全架空通常简称架空，指的是游戏中无论人物还是环境都是完全虚构的。半架空则是指游戏在人物或环境上有一方是确实存在的，不完全虚构，具有一定的现实基础。

游戏界面指的是游戏中的外框、按钮、进度条、角色数值等除角色、场景以外的部分。游戏界面和游戏原画是完全不同的工作内容，界面设计师需要对界面负责，而原画师负责游戏中的角色和场景，如图7.7所示。

界面能辅助玩家更好地进行游戏，所以游戏界面设计在视觉风格上要低调、与场景和人物能很好地融合，在元素的选择上要与游戏本身相互呼应，例如捕鱼题材的游戏在界面上可以选择气泡、船锚、木板、宝箱、捕鱼网等元素，如图7.8所示。

图 7.7　保卫萝卜游戏原画和游戏界面

图 7.8　捕鱼题材的游戏

赛车等主题游戏，可以考虑加入大量与赛车相关的元素：油漆桶、轮胎、线路、电源、科技感、外发光等，如图 7.9 所示。

图 7.9　赛车游戏

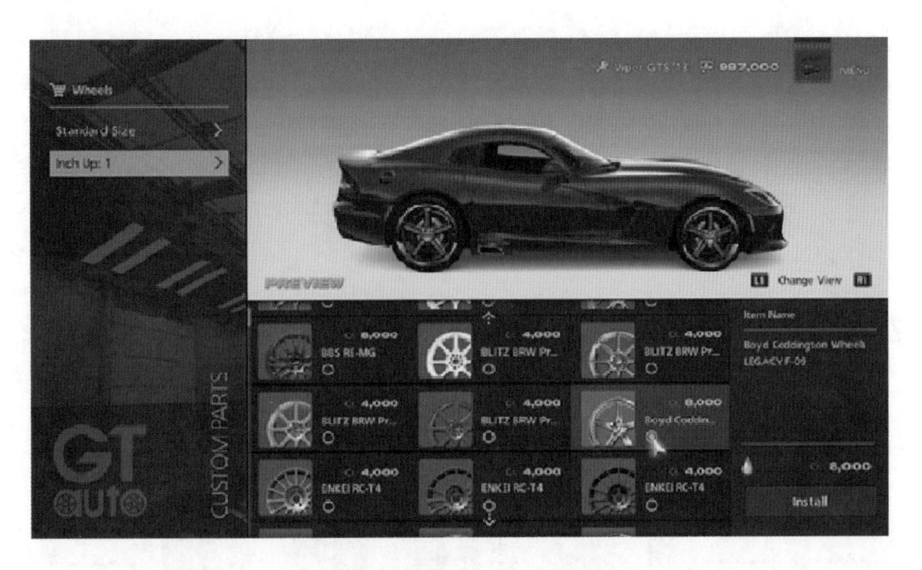

图 7.9　赛车游戏（续图）

游戏本身的风格、定位和时代背景要统一，除非游戏本身就是混搭穿越架空题材，如图 7.10 所示。

图 7.10　主题风格需要统一

7.2.4　游戏类App的目标用户分析和注意事项

游戏类 App 的目标用户年龄跨度大，性别、职业、教育程度等因素都存在着不小的差异：

（1）学历：游戏需求、游戏内容的丰富性及游戏模式的多样性随着社会成员学历的升高都在不断地提高。

（2）性别：不论是什么类型的游戏，都永远不会缺失男性玩家用户，近几年，女性玩家用户的成长速度也是很快的。

（3）年龄：以年轻群体为主体，手机游戏用户的年龄结构层次分明。

（4）职业：在校学生、技术人员和自由职业者是手机游戏的主力用户群体。

在设计游戏的前期工作中都会确定该游戏针对的目标用户群。产品经理和设计师在对游戏进行功能、布局、界面设计时都会根据主要用户群体的特征进行。例如，玩家的游戏时间与作息时间有较强的一致性：午饭后（12 点）和睡觉前（21 点）是游戏活跃的峰值，从下午 3 点开始，玩家人数呈现下滑趋势，凌晨到 4 点区间，用户活跃度显著降低。那么对游戏进行更新操作可以在玩家较少的时段，即凌晨到 4 点区间，这样会最小程度地打扰用户玩游戏。对游戏优惠促销等消息进行推送，可以选择最多玩家在线的时间段，即午饭后或睡觉前，避免在所有用户睡觉的时候进行消息推送，这是作为产品经理所必须考虑的。

7.2.5 游戏类App的制作流程

与其他类型 App 不同的是，游戏类 App 在制作流程中存在原画师一职，如图 7.11 所示。

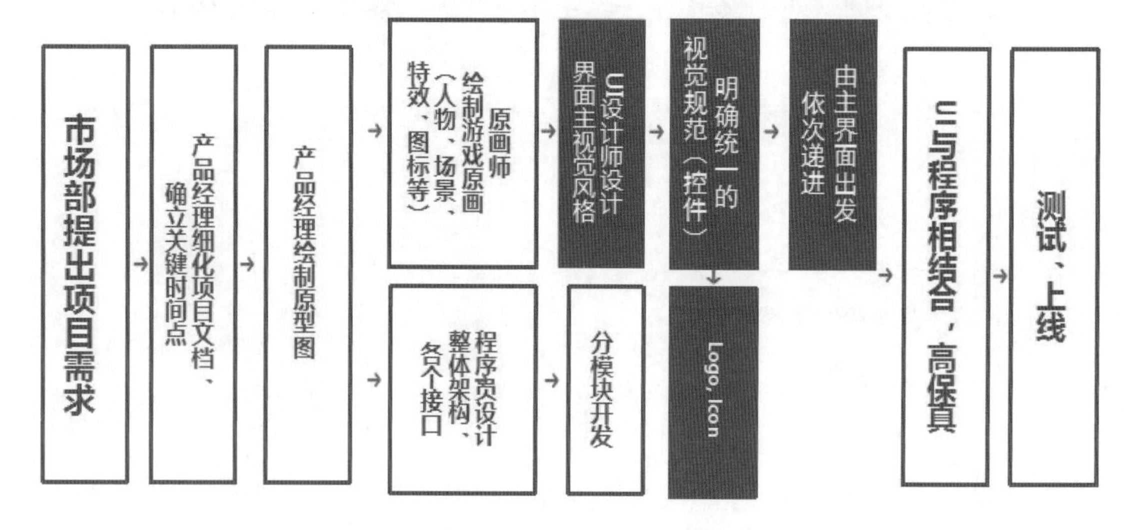

图 7.11 游戏类 App 制作流程

原画师负责游戏的原画：人物、角色、场景、特效、图标等，其中图标的绘制有时候会由 UI 设计师来负责。

当参与设计游戏类 App 的人员较多时，需要建立视觉规范，方便多人协同设计时避免重复劳动，节省工作量，同时保证元素的统一化，在风格、质感、光源、线宽等方面都保证一致。确立 UI 视觉设计规范一般会在主界面确定完成后开始进行，如图 7.12 和图 7.13 所示。

1. 视觉规范的内容

（1）控件库：按钮、搜索框、文本、文字样式、图标等。

（2）图层样式、图层渐变、形状文件等。

（3）素材文件：原画、特效等。

（4）注释：标注光源所在位置、边角线、文字溢出个数等，列出常见错误、注意事项，注释文字可以标注在 psd 里，也可以标注在另外的文档里，如 txt 或 Word 文档。

（5）建立控件库的注意事项。

（6）确定主视觉风格之后再开始建立控件库。

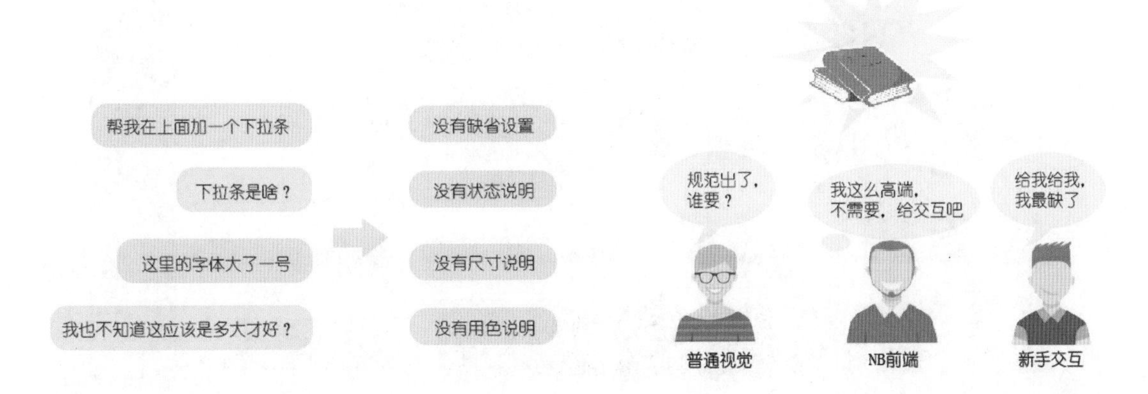

图 7.12　确立规范

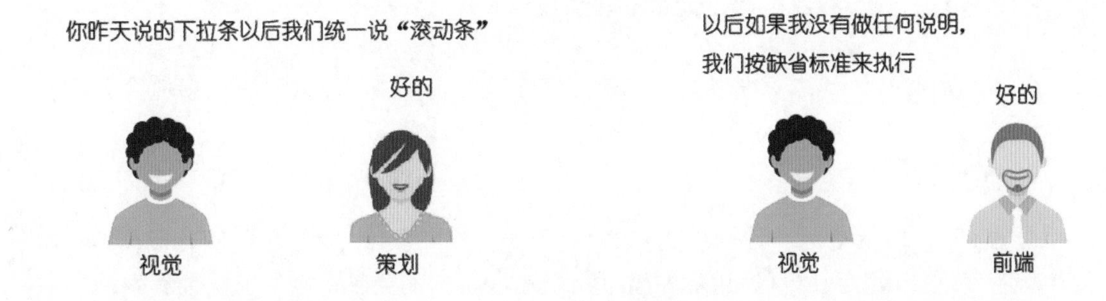

图 7.13　确立规范

2. 视觉规范的注意事项

（1）归类：同类型的控件放在一起。

（2）归档：同一个控件的图层放在一个文件夹里，可以标注不同的颜色。

（3）控件太多时考虑分成若干原文件。

（4）命名：方便查找，便于沟通。

（5）标注：注意事项标注在明显的位置上。

（6）保存字体文件。

刀塔传奇视觉规范中的部分控件展示如图 7.14 所示。

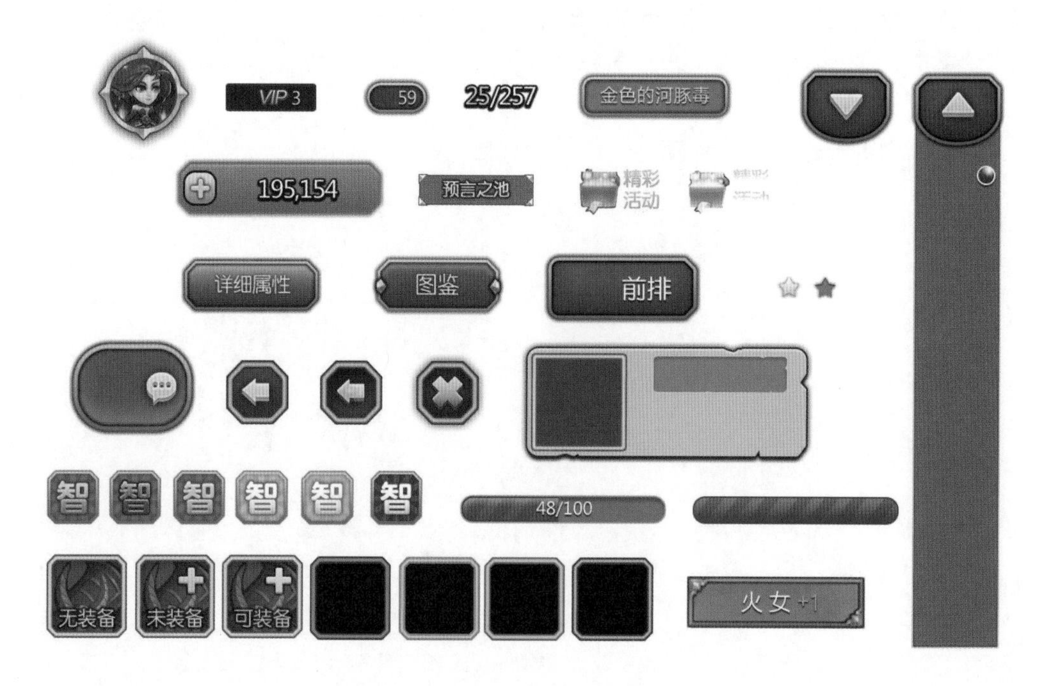

图 7.14　刀塔传奇中部分控件展示

7.2.6　游戏类App的设计原则

游戏类 App 在设计上有很多独到之处，它在吸引玩家进行游戏时有很多值得大家注意的地方。下面详细讲述游戏类 App 的设计原则。

1. 易于学习

手机游戏面向的是玩家而不是计算机专家，大多数玩家并不愿意将时间花费在学习如何操作游戏这方面，所以保持游戏的简单易学是最基本的要求，应尽量减轻玩家的学习成本。

2. 视觉、交互行为要统一

与视觉统一同样重要的是交互行为的统一。应尽量与现实统一，比如说在开心餐厅中，玩家制作完的菜品在一定时间之后会腐烂，如图 7.15 所示。

3. 游戏的故事性

越来越多的游戏在提供玩法的同时会向玩家展示一个世界观，让玩家有更强的代入感。游戏背景或游戏的世界观可以让任务系统更容易被记住，更容易被理解和消化，玩家也更容易沉浸其中。这也是西游、三国等题材屡见不鲜的原因，故事本身耳熟能详、深入人心，受玩家的欢迎和喜爱，如图 7.16 所示。

图 7.15　开心餐厅界面

图 7.16　三国题材和西游题材的游戏

4. 手机游戏 App 的特质

（1）与 PC 游戏界面的区别。

虽然在视觉风格上要与网页端产品保持统一，但是在布局、功能、交互方式等设计上要符合手机端 App 的特质，让玩家能轻松上手，方便操作。图 7.17 和图 7.18 分别展示了梦幻西游的 PC 版界面和手机版界面。

图 7.17　梦幻西游 PC 版界面

图 7.18　梦幻西游手机版界面

手机屏幕尺寸相对较小，所以在界面上要充分利用空间，合理布局，将玩家最关心的信息放在外面，将其他次级信息收纳到一起。

由于是触屏操作，所以手机端界面要提供足够大的按钮和足够大的按钮间隙，一般来说，手机端界面的按钮和间隙远比网页端界面的按钮和间隙大得多，如图 7.19 所示。

图 7.19　手机端游戏 App 界面要提供更大按钮和按钮空隙

（2）考虑用户手持设备的姿势。

需要考虑用户同时操纵手机和游戏。视频类 App 与游戏类 App 相似，都提供沉浸式的用户体验，目前很流行的做法是：玩家双手握持手机时，通过左右手大拇指在屏幕两侧进行上下滑动可以对用户最常用的功能进行调节，如图 7.20 和图 7.21 所示。

图 7.20　爱奇艺 App 中通过左手拇指上下滑动可以调节屏幕亮度

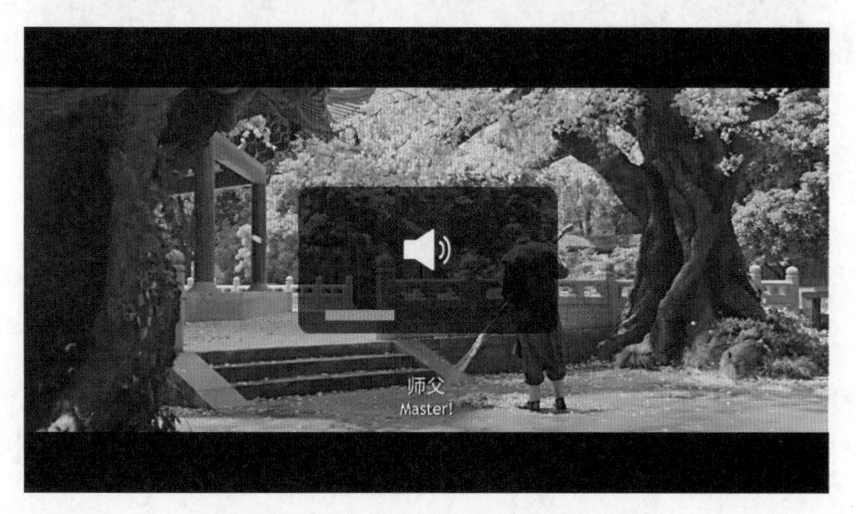

图 7.21　通过右手拇指上下滑动调节音量

（3）触屏操控。

利用手机特有的功能进行交互，例如通过摇晃手机进行游戏交互，或者通过倾斜手机开始游戏，如图 7.22 所示。

5. 渐进式控制手法

（1）简单友好的教程或世界观背景，一般在玩家第一次进入游戏时提供，大都表现为极少的文字和漂亮的图片，让教程保持在 5 ~ 10 秒之内，但需要增加跳过教程的选项，向已经玩过或对此类游戏熟悉的玩家提供退出的选择。

图 7.22　手机交互方式

（2）由浅入深，开始的游戏任务都比较简单直接，升级也比较快，让玩家快速上手，没有门槛，随后游戏世界观逐步完善，旁支任务系统以散射状渐进扩展。

6. 提供清晰的游戏路径

向玩家提供完整的游戏主线任务和其他延伸旁支任务，让玩家一直有事做，并且让玩家现在做的事情对未来的任务系统有影响。

7. 及时反馈的界面设计

（1）提供更明显的反馈：触屏操作时，手指的宽度会挡住按钮或可操作区域的一部分，所以要提供更为明显的反馈效果。

（2）提供更及时的反馈：操作时界面上及时反馈的效果会让玩家有畅爽的游戏体验。例如在刀塔游戏中，每次打到妖怪的头都会出现数字并带有音效，英雄升级时都会外发金光，失败时都会有可怕的音效等，如图 7.23 所示。

8. 完美的成就感

将一个较大的或较难完成的任务分解成若干可预见的小任务，让玩家不断完成它，不断获得成就感。如果玩家一个月仍旧没有完成一个任务，那么带来的将是挫败感与失败感，对于单线目标游戏这是致命的，多线目标游戏可以提供其他任务系统。用户越接近目标，就会越有动力，越难完成的任务，人们就越热衷。

图 7.23　及时反馈效果

9. 提供随机性的小惊喜

抽奖系统、装备升星升级系统、合成系统，这些都是游戏中经常会涉及的任务系统。刀塔传奇的抽奖界面如图 7.24 所示。

图 7.24　抽奖界面

10. 荣誉机制：让玩家受人尊重

提供良好的激励机制，让玩家在游戏中受人尊重，刺激玩家冲榜，带动消费。在刀塔传奇中，有各种各样的排行榜用以刺激玩家冲榜，从而带动玩家不断进行人民币消费，如图 7.25 和图 7.26 所示。

图 7.25　排行榜

图 7.26　英雄星级排行

11. 注重分享，考虑玩家之间的凝聚力

在游戏中提供分享机制，让玩家可以将游戏截图、成就、装备、角色等通过社交平台进行分享。

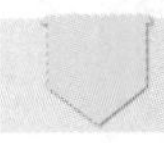

7.2.7　充分考虑用户体验与交互

游戏类 App 应提供更为沉浸式的用户体验。

1. 沉浸式游戏体验

（1）隐藏状态栏：当玩家进行游戏时，可以将状态栏隐藏，扩大界面的展示区域。在刀塔传奇中，侧边栏默认是可以折叠的，这将展示区域扩大了不少，如图 7.27 和图 7.28 所示。

图 7.27　隐藏的状态栏

图 7.28　展开的状态栏

（2）保持界面控件元素与场景风格统一，让控件巧妙地融入场景之中。可以将部分控件使用半透明的黑色，增加可视区域的面积。

（3）控件元素上给予明确的区分和提示。当目标区域可点击时给予明确的提示。在刀塔传奇中，仅装备框的展示方法就有多个状态：无装备、有装备、可装备、有装备不到等级时不可装备、可合成等，如图 7.29 所示。

图 7.29　部分装备框控件状态

战斗状态技能栏可点击时技能框四周会出现闪烁的金光，提醒玩家可以进行操作，如图 7.30 所示。

图 7.30　可点击控件提示

在国内被很多用户接受的“小红点”在刀塔传奇的界面中也随处可见，提示有新的信息还未察看，它能很好地告诉玩家有新的可操作信息，如图 7.31 和图 7.32 所示。

图 7.31　新信息提示

图 7.32　新信息提示

（4）充分考虑玩家手游的习惯与环境。玩家手游时，需要双手或单手握持手机，所以需要将玩家最常用的主要功能键设置在画面右侧，不常用的功能键设置在左侧。例如在刀塔传奇中，聊天区域不是核心功能，被放在了左侧，默认是收起状态，当玩家需要的时候才会被打开，如图 7.33 和图 7.34 所示。

图 7.33　收起的聊天功能键

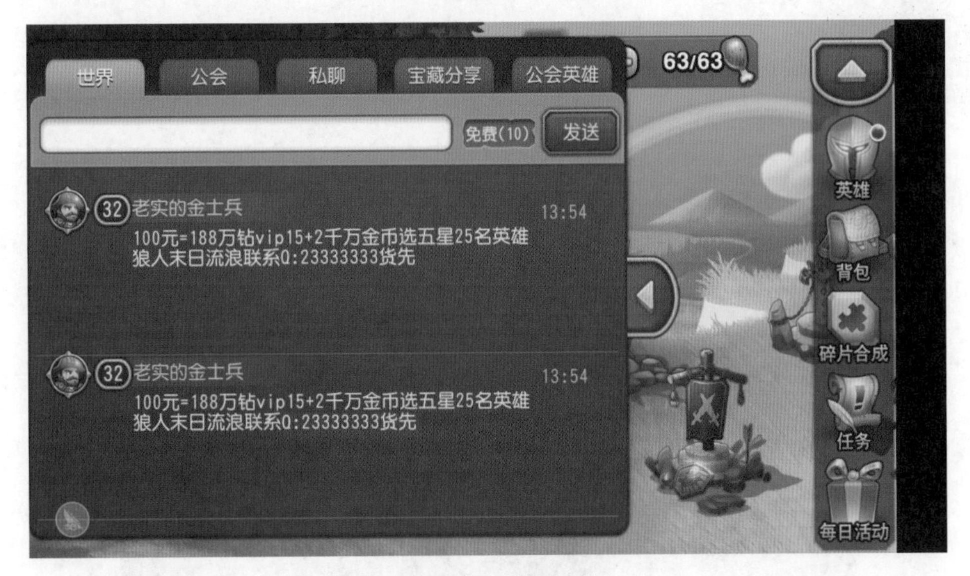

图 7.34　展开的聊天框

在使用手机进行游戏时需要时刻关注环境变化，刀塔传奇很贴心地提供了一键实现功能：当关卡三星过关时，下次进攻提供一键扫荡键和“自动战斗”按钮；当英雄进阶符合要求时，提供一键快速进阶功能；当武器合成符合要求时，提供一键快速合成功能等。如图 7.35 所示为自动战斗一键功能。

图 7.35 “自动战斗”按钮

2. 充分考虑游戏玩法对玩家的粘性影响

应对游戏内容进行持续的更新。在刀塔传奇中，只有达到等级的玩家才可以开新的副本，只有达到等级的英雄才可以佩戴新的武器和装备，只有新的副本才可以打到新武器的碎片，只有达到等级的玩家才有新的任务系统可以开启……在游戏的开始，游戏做出了种种限制，不断吸引玩家顺着任务系统进行下一步的操作。

3. 给予更多的及时反馈

在界面设置时，充分考虑手机端界面设计注意事项，及时给予玩家更多、更夸张的反馈。在刀塔传奇中，战斗时，英雄头上有数字变化，英雄失血与加血都有明显的动态效果，抽中英雄和抽中普通道具在视觉上是完全不同的。

4. 小惊喜与小刺激

提供丰富多彩的抽奖系统：金币抽奖、钻石抽奖，当玩家打开宝箱时提供一定的暴击率，如图 7.36 和图 7.37 所示。

图 7.36 抽奖界面（1）

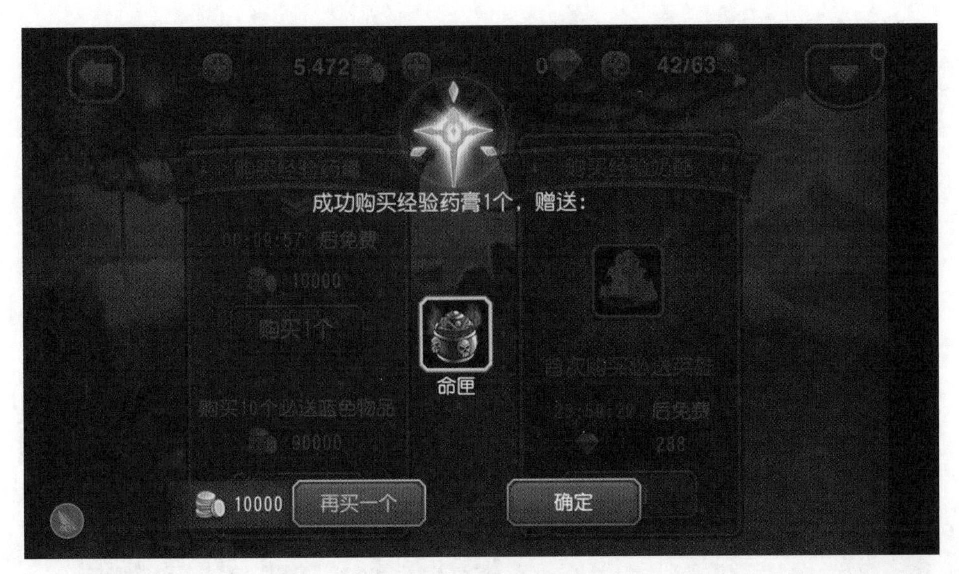

图 7.37　抽奖界面（2）

7.3　游戏类 App 界面的设计技巧

参考视频
刀塔传奇项目——
游戏类手机 App
设计（3）

设计师在设计游戏类 App 界面时有一些常用的设计技巧。

1. 游戏中玩家感受到的细节

游戏中玩家感受到的细节可能对玩家的心理产生很大的影响，包括界面美化、交互、音乐、系统功能等。应提供足够大的按钮，便于玩家进行触控，避免误操作。玩家可以通过这些游戏细节感受到设计者的诚意。

2. 功能分区，扁平化路径

如果功能过多，则将它们划分区域，整合规律。将重要的功能直接放置在界面上，方便玩家进行点击和操作；将不那么常用或者玩家不那么关心的功能和按钮折叠到一起，收纳到一个地方。如图 7.38 至图 7.40 所示，在腾讯出品的极限西游中，界面上展示了玩家关注和常用的金币、攻击、副本入口、地图等元素，将玩家不常使用的英雄数值、伙伴经验、道具等罗列收纳到界面右下角的按钮中，按钮使用一个向左的箭头，引导玩家进行点击。

3. 简化路径

游戏进入不超过三步：不要让玩家一味地点击不同的入口却一直没有到达想要的操作。

4. 精修文字

使用识别度较高的字体和字号（建议使用手机进行实际的测试观看）；使用玩家语言而非计算机语言，紧跟时代潮流、简单明了、不产生歧义，提供更情感化、人性化的语句。如图 7.41 所示，在滑雪大冒险的启动界面中，使用了羊驼这个比较潮的卡通形象。

图 7.38　极限西游手机 App 界面（1）

图 7.39　极限西游手机 App 界面（2）

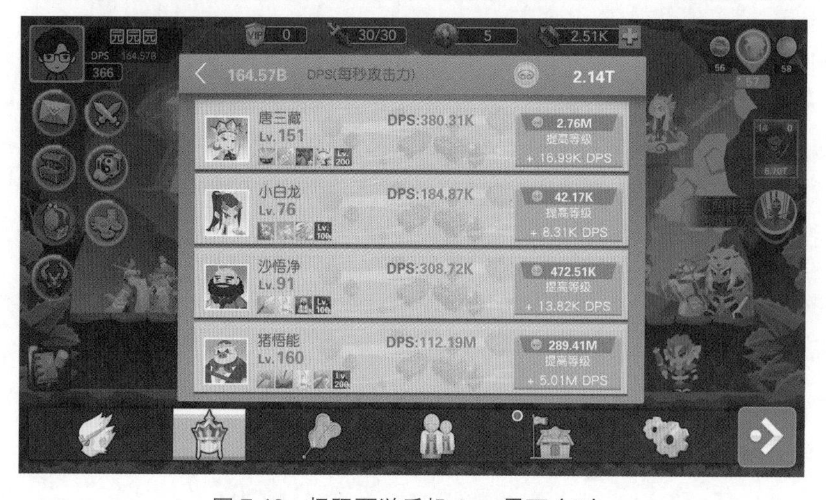

图 7.40　极限西游手机 App 界面（3）

图 7.41　滑雪大冒险启动界面

5. 从用户习惯考虑，减少用户的学习成本

跑酷类游戏风靡之后，若干此类游戏迅速占领市场，如图 7.42 所示。

图 7.42　跑酷类游戏

6. 视觉风格、交互方式统一

从实际世界来考虑，拟物化图标和界面更容易被玩家接受，例如棋牌类 App 的场景、界面、交互方式上的设计几乎与现实无异，如图 7.43 所示。

7. 游戏内容消耗太快，需要加入新的内容来提高用户新鲜感

例如《三国杀》会一直推出新武将，《魔兽世界》和《模拟人生》会推出新的资料片。

图 7.43　棋牌类 App 界面

7.4　刀塔传奇项目——游戏类手机 App 设计

参考视频
刀塔传奇项目——
游戏类手机 App
设计（4）

刀塔传奇以动漫般可爱风格绘制的 Q 版人物取代了原本呆板又制式化的卡牌形象，同时不同的卡牌角色都由符合其性格的声优进行配音，这样的设计给游戏增添了许多乐趣。这种全新的特殊视角在相当短的时间内便获得了大多数玩家的一致喜爱。

7.4.1　刀塔传奇项目需求和主要目标用户分析

1. 刀塔传奇项目需求分析

刀塔传奇是一款特色鲜明且针对用户较明确的游戏。采用了 Dota 作为游戏基础框架，吸引了大批 Dota 的粉丝，也降低了培养用户认知度的成本。

2. 刀塔传奇项目主要目标用户分析

（1）主要玩家还是年轻群体为 Dota 老玩家，对刀塔感情深厚。

（2）上班族，没有大量时间连续游戏。

（3）喜爱 Q 版的女性玩家。

（4）移动互联网忠实粉丝，热爱手机游戏。

（5）具有一定文化底蕴，喜爱有背景有剧情的游戏。

7.4.2　实战案例——刀塔传奇手机App场景界面设计

1. 界面设计要求

（1）尺寸：1280*720px 或按照测试机实际尺寸进行设计。

（2）分辨率：72dpi。

最终效果如图 7.44 所示。

图 7.44　刀塔传奇手机 App 场景界面

2. 案例重点解析

（1）素材搜集。此项目所需素材大都可以通过网络搜索到。

在游戏项目中，要区分原画设计和界面设计。像场景图片、头像、图标（签到、充值、邀请有礼、精彩活动、金币、钻石、鸡腿、英雄、背包、碎片合成、任务、每日活动）等一般是由原画师提供的。

（2）合理布局。将用户常用的信息展示在界面上，不常用的信息折叠放置在一旁。设计场景界面的线框图。

（3）确定主题色调。使用低调不张扬的棕色作为界面的主体颜色，色块区域采用大量的半透明进行处理，让玩家可以透过界面看到后面的场景地图，增加可视区域的范围，在视觉上让手机上的游戏界面看起来更大。

（4）文本设置。区分动态文本和静态文字，如图 7.45 所示。

图 7.45　文本设置

从图 7.45 中可以看到，头像四周的玩家姓名、战队等级、VIP 等级，界面上方的金币数量、钻石数量、鸡腿数量是需要程序调用玩家数据来进行动态显示的，所以要使用默认字体来进行设计，在颜色和样式上也要简单处理。VIP 字样、签到、充值、邀请有礼、精彩活动、英雄、背包、碎片合成、任务、每日活动和界面场景小建筑物下方的名称可以通过切图的方式来得到更漂亮的效果，所以设计师在设计时可以采用更符合项目需求的字体、文字样式等进行丰富的处理。

（5）设计制作过程中合理使用 Photoshop 中的图层样式面板和智能对象图层。

3. Photoshop 上机重点解析（一）：头像金属外框的制作

（1）选择工具栏中的自定义形状工具，在界面上方的形状面板中选择右上角的尺寸载入全部形状，如图 7.46 所示。这样可以得到 Photoshop 中所有自带的自定义形状，如图 7.47 所示。

图 7.46　载入自定义形状

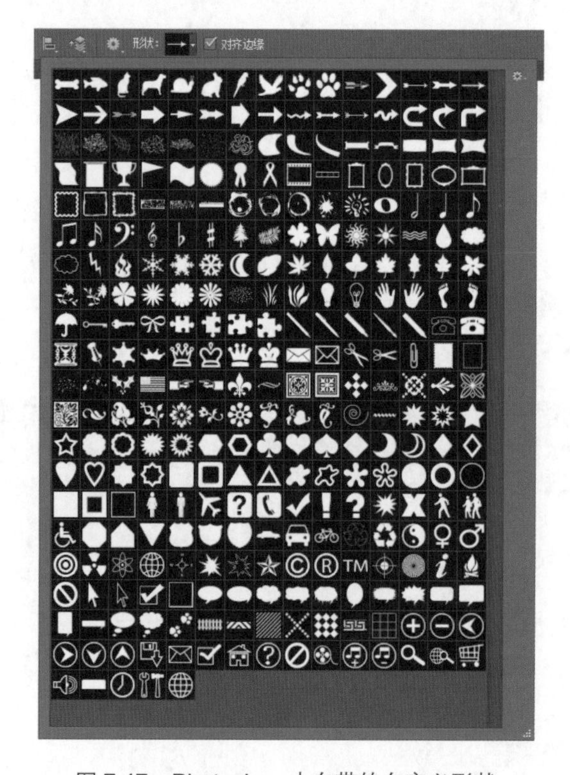

图 7.47　Photoshop 中自带的自定义形状

（2）找到自定义形状中的圆角三角形，与圆形形状一起绘制头像金属外框的轮廓，通过进行布尔运算得出镂空的边缘，如图 7.48 所示。

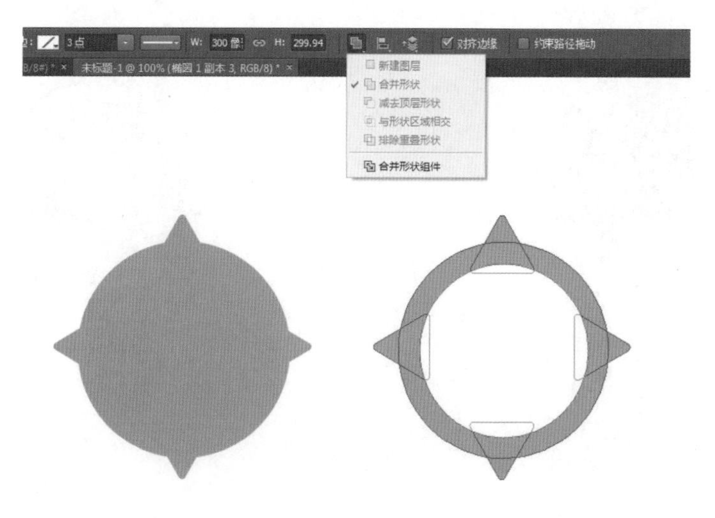

图 7.48　绘制金属外框

（3）在外框下面新建一个深红色的圆形，为两个图层增加图层样式，通过描边和外发光增加描边效果和整体的外阴影效果，如图 7.49 所示。

图 7.49　增加图层样式

（4）新建一个图层，命名为高光效果，与矢量金属外框相切。使用羽化边缘尺寸较大的画笔，选择略浅一点的棕色，直接在新建的图层上绘制，如图 7.50 所示。

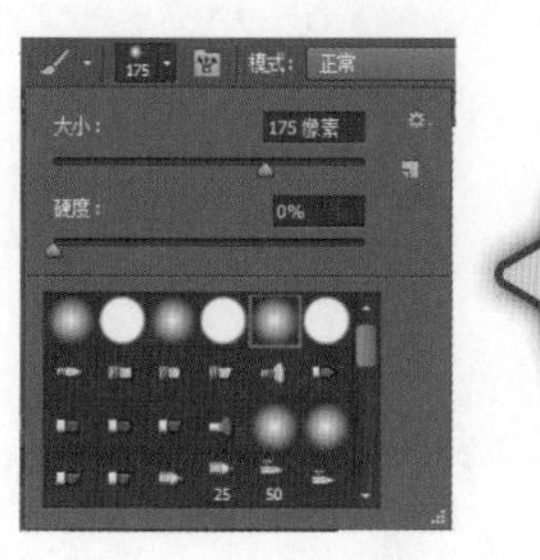

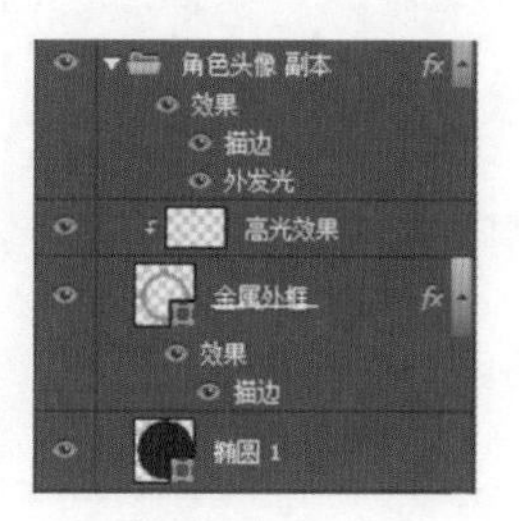

图 7.50　绘制高光效果

（5）为高光效果图层增加蒙版，使用矩形选框工具直接进行删除，如图 7.51 所示。

（6）将头像角色素材导入文件，调整大小和位置，最终效果如图 7.52 所示。

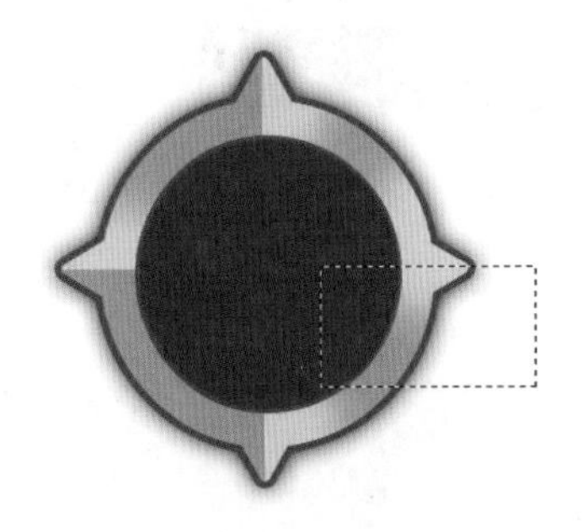

图 7.51　为高光效果图层增加蒙版

图 7.52　头像边框设计

经验总结

Photoshop 提供的很多方法都能达到同样的效果，请设计师本着便于修改、易于操作、有利于重复使用的原则来进行。

4. Photoshop 上机重点解析（二）：聊天按钮的制作

（1）使用圆形、圆角矩形等基础图形，通过布尔运算得到如图 7.53 所示的图形。

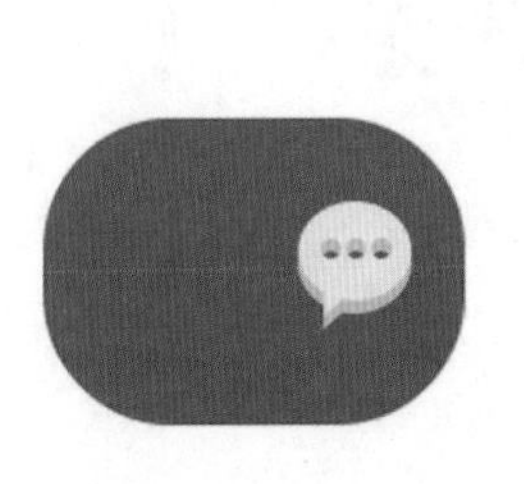

图 7.53　绘制图形

（2）对最上面的浅黄提示框增加内阴影、内发光、渐变叠加样式，如图 7.54 至图 7.58 所示。

图 7.54　最终效果

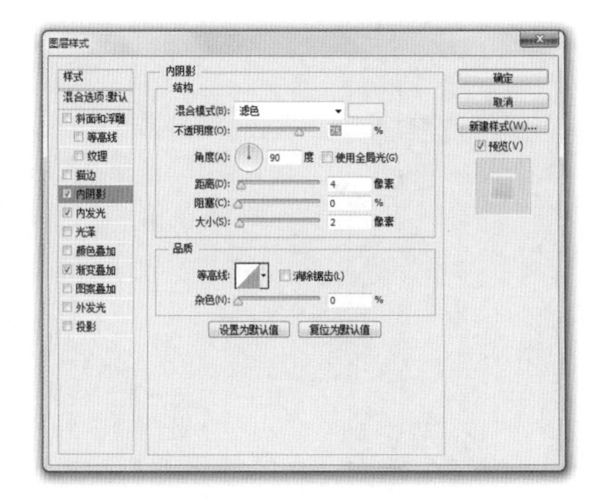

图 7.55　添加内阴影

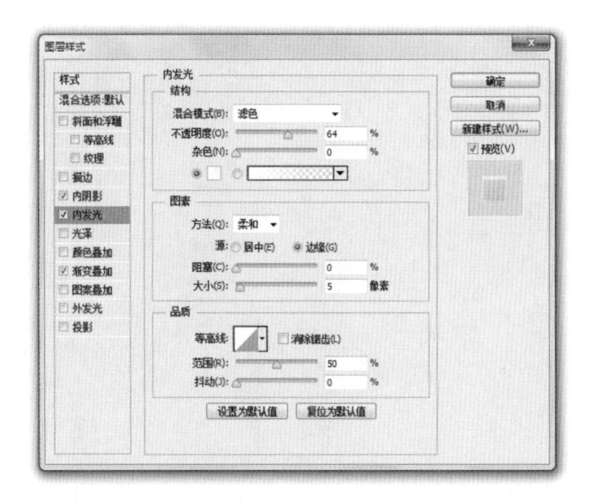

图 7.56　添加内发光

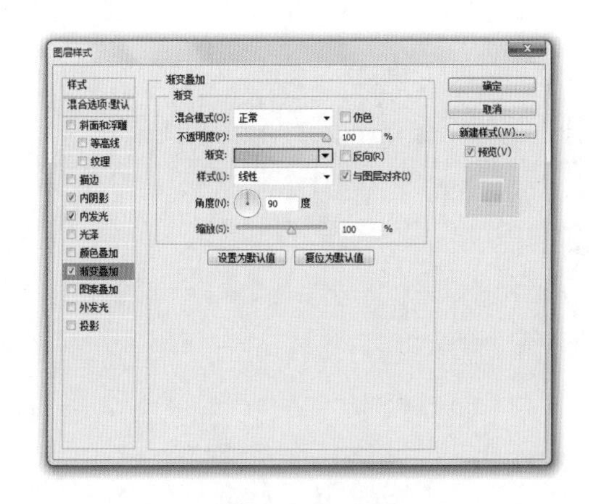

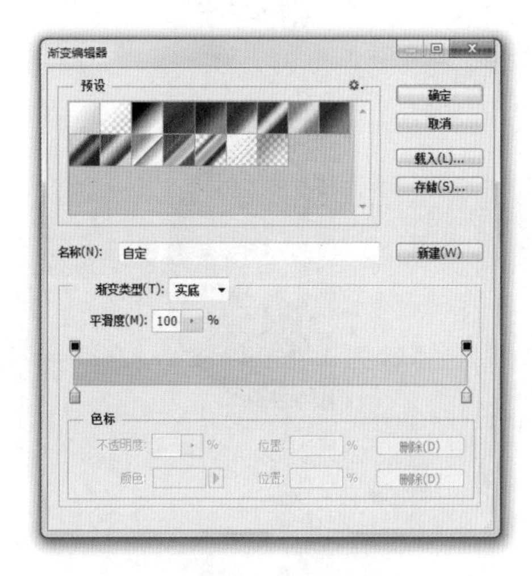

图 7.57　渐变叠加

图 7.58　渐变色值

（3）对最下面的深黄提示框增加内阴影、颜色叠加样式，如图 7.59 和图 7.60 所示。

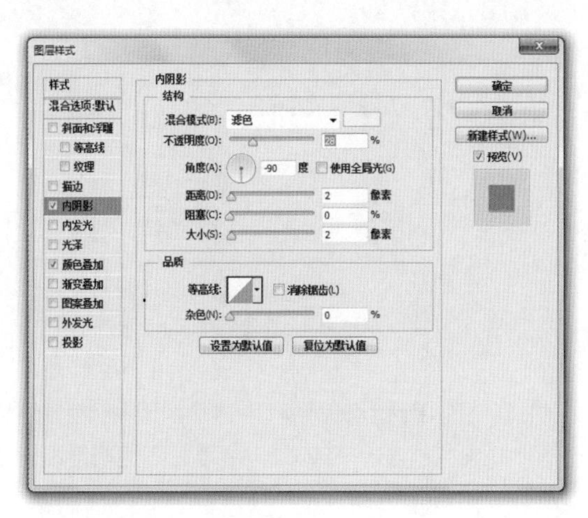

图 7.59　添加内阴影

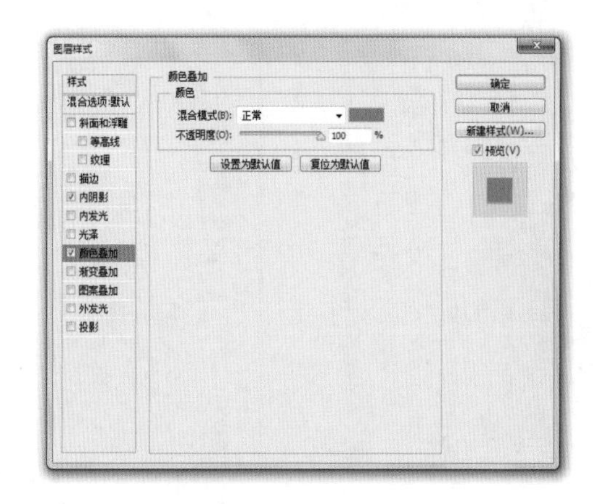

图 7.60　颜色叠加

（4）将最下面的圆角矩形复制一层，重命名为圆角矩形边框，然后给图层增加描边样式并将填充不透明度设为 0，如图 7.61 和图 7.62 所示。

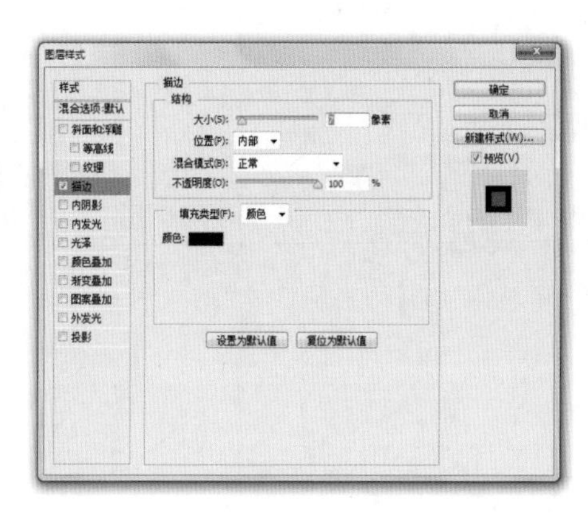

图 7.61　添加描边样式

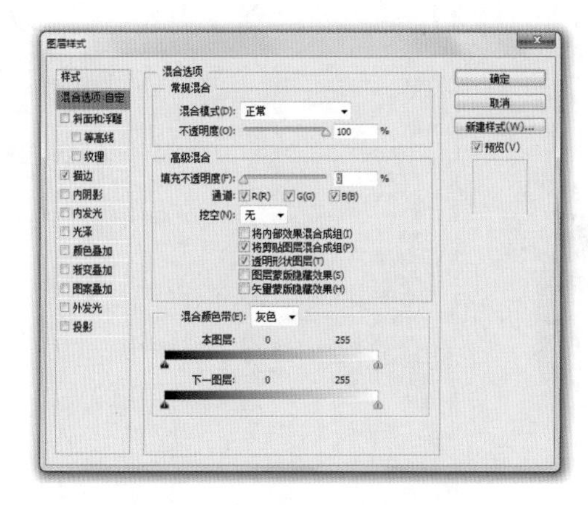

图 7.62　将填充不透明度设为 0

（5）将圆角矩形边框转化为智能对象图层，然后对智能对象图层增加内发光、渐变叠加、外发光样式，效果和具体参数如图 7.63 至图 7.66 所示。

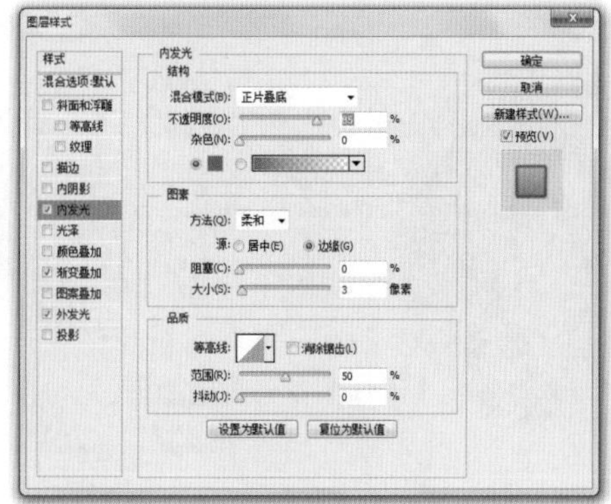

图 7.63　添加内发光

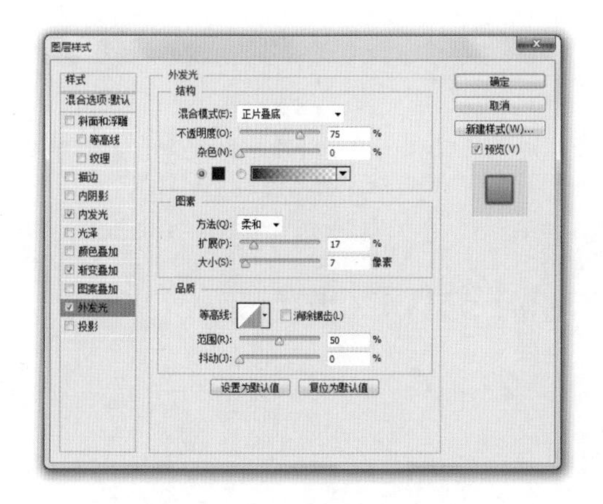

图 7.64　添加外发光

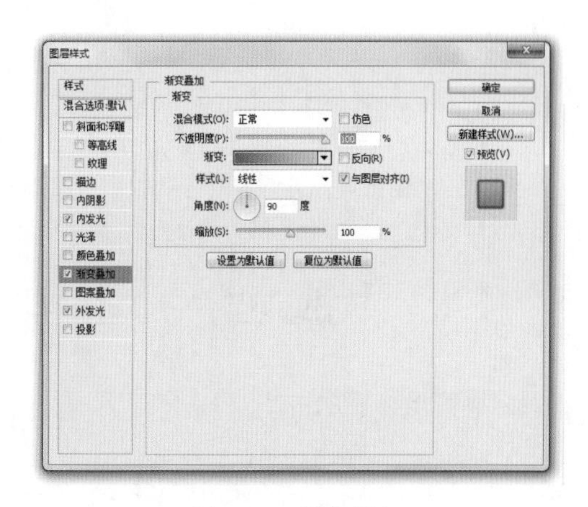

图 7.65　渐变叠加

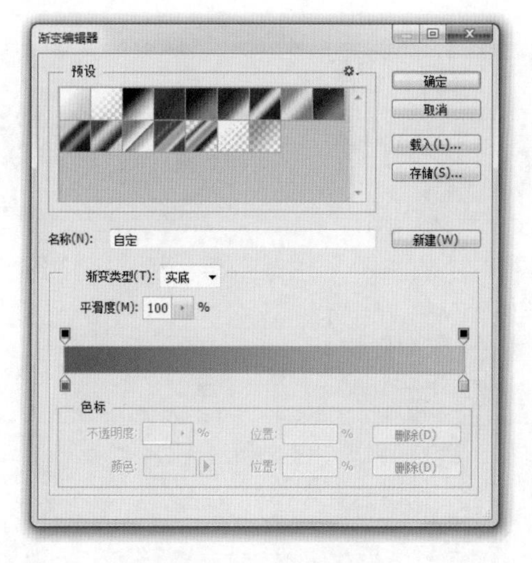

图 7.66　渐变叠加数值

（6）将浅黄提示框和深黄提示框图层同时选中并转化为智能对象图层，然后对其进行外发光的叠加，效果和具体参数如图 7.67 所示。

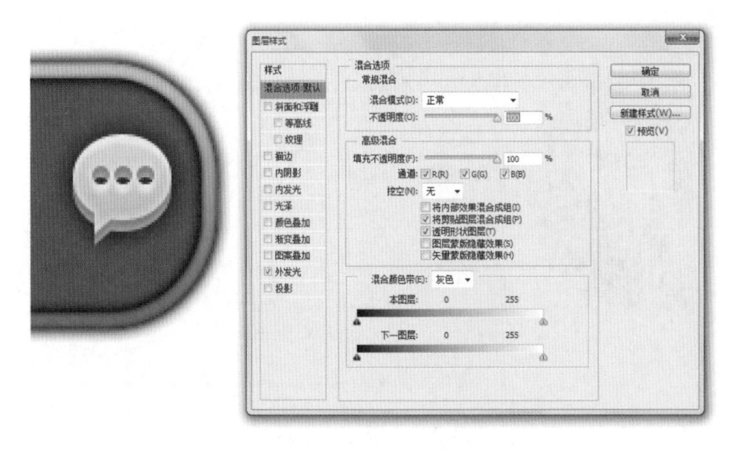

图 7.67　实现效果

经验总结

合理使用图层样式，当单一图层的图层样式设置无法满足要求时，可以将其放置在一个文件夹中或转化为智能图层，再对其进行第二次的图层样式叠加，这样可以很方便地得到多重效果。

7.4.3　实战案例——刀塔传奇手机App英雄详情页设计

1. 界面设计要求：

（1）尺寸：1280*720px 或按照测试机实际尺寸进行设计。

（2）分辨率：72dpi。

最终效果如图 7.68 所示。

图 7.68　刀塔传奇手机 App 英雄详情页

2. 案例重点解析

（1）合理布局。将用户常用的信息展示在界面上，绘制线框图。

（2）调整背景色。将背景图片平铺在画布上，新建一个图层并填充为黑色，调整不透明度到合适位置，让背景更低调地显示在界面上。

（3）对界面左边的卡牌区进行绘制。具体步骤可以参照聊天按钮棕色边框的设置，具体效果如图 7.69 所示。

图 7.69　绘制卡牌区

（4）对界面右边的属性区进行绘制。合理使用图层样式，功能按钮使用相同的样式风格来表示，如图 7.70 所示。

（5）合理使用智能对象图层，对相同部分的内容可以转化为智能对象图层来进行设计。如图 7.71 所示为边框上的菱形和圆形装饰，建议使用智能对象图层。

图 7.70　属性区按钮

图 7.71　装饰图形

（6）细节美化。为 Q 版英雄角色增加双重阴影效果：人物脚底下椭圆形的阴影和人物背后的阴影同样都使用椭圆形进行绘制，在属性面板中增加羽化值来完成，如图 7.72 所示。

经验总结

合理使用智能对象图层和图层样式，同样的功能要尽量使用同样的表现方式。为角色增加阴影效果，可以让角色突出，与背景明显分开，体现立体效果。

图 7.72　细节美化

7.4.4　实战案例——刀塔传奇手机App全部英雄列表页设计

1. 界面设计要求

（1）尺寸：1280*720px 或按照测试机实际尺寸进行设计。

（2）分辨率：72dpi。

最终效果如图 7.73 所示。

图 7.73　刀塔传奇手机 App 全部英雄列表页

2. 案例重点解析

（1）合理使用之前已经设计过的元素和控件，将相同的部分直接复制过来，调整样式并进行合理缩放。可以通过如图 7.74 所示的方法对图层样式进行缩放。

（2）手撕边框的绘制方法：使用圆角矩形绘制基础图形，然后对其进行图层样式的叠加，如图 7.75 至图 7.78 所示。

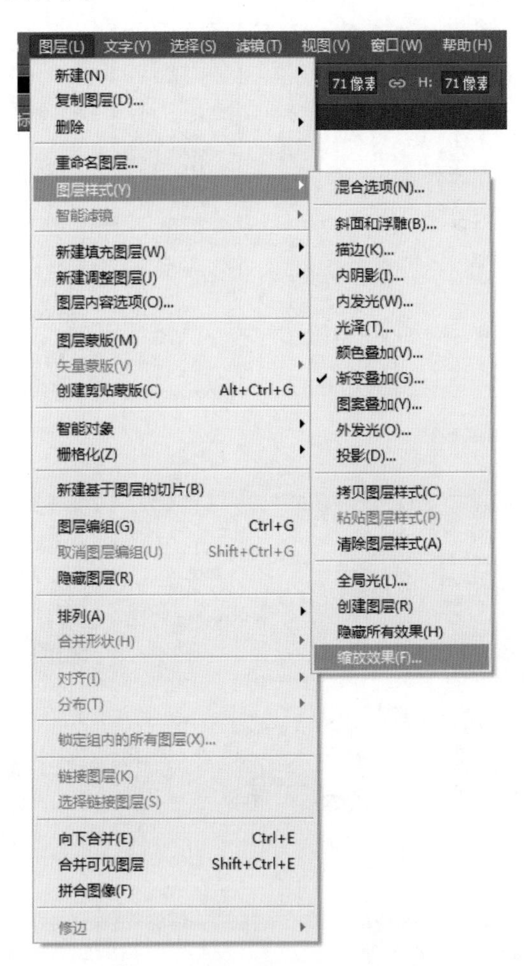

图 7.74　对图层样式进行缩放

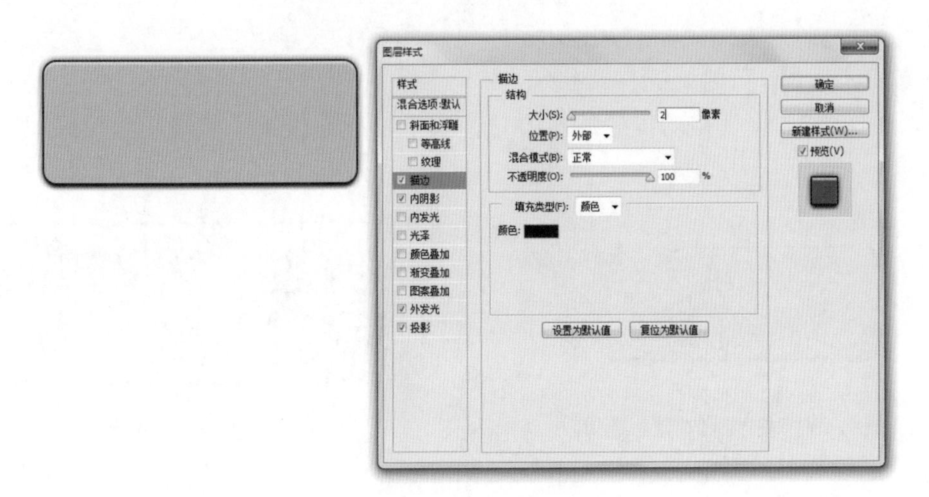

图 7.75　描边

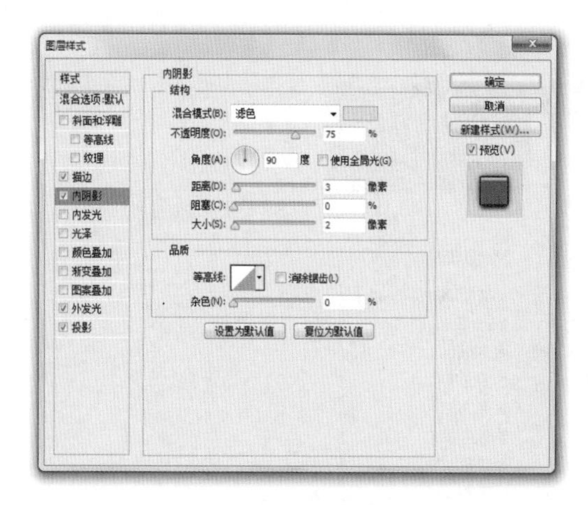

图 7.76　内阴影

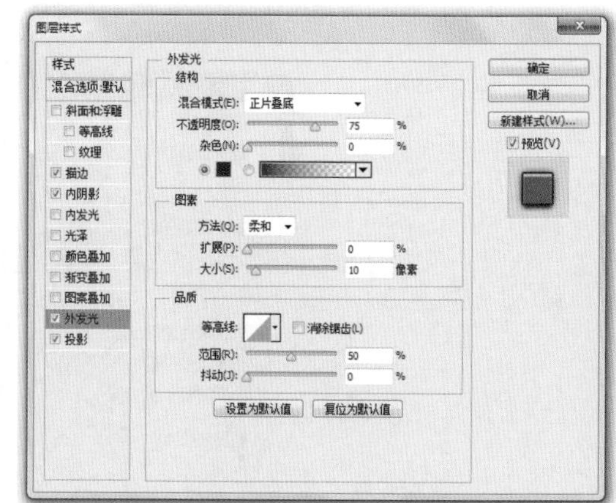

图 7.77　外发光

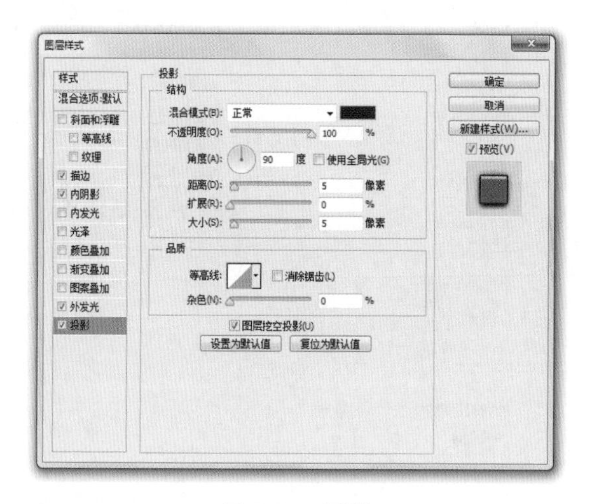

图 7.78　投影

对图层增加蒙版，使用黑色的笔刷或多边形套索工具对边缘进行描绘，擦除一些颜色，增加手绘效果，如图 7.79 所示。使用蒙版进行擦除的好处是可以充分保留图层原本的信息，如果对效果不满意，可以重新进行绘制。

（3）内部的边框使用同样的绘制方法为其增加撕边效果，最终调整效果如图 7.80 所示。

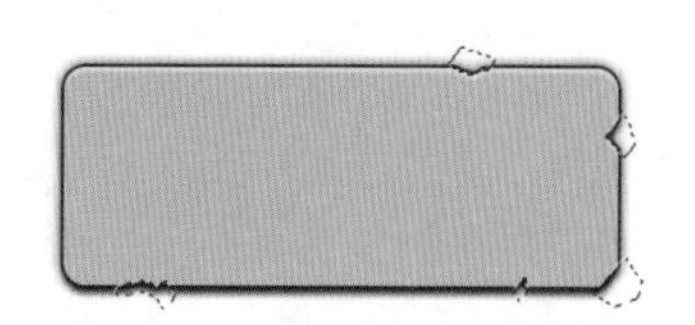

图 7.79　对图层增加蒙版效果

图 7.80　边框效果

（4）将单个英雄显示框转化为智能对象图层并复制平铺在界面上，调整位置，修改相关内容，完成界面设计。

本章总结

- 网络游戏是以个人电脑、平板电脑、智能手机等载体为游戏平台，通过网络传输的方式实现单个用户或多个用户同时参与的游戏产品。移动游戏指运行在移动终端上的游戏，移动终端广义上包括智能手机、平板电脑、车载电脑等，目前常指智能手机和平板电脑。移动游戏包括移动单机游戏和移动网络游戏。
- 游戏按照类型来分有动作游戏、射击游戏、格斗游戏、冒险游戏、模拟游戏、角色扮演游戏、策略游戏等。
- 游戏类 App 视觉风格一般会跟随游戏中场景和人物的风格而定。目前并没有十分明确的分类，不过行业中可以大体分为：2D 风格、3D 风格、2.5D 风格；像素、点阵、位图；厚涂、清新、唯美；卡通、写实；中国风、日韩风、欧美风；现代、古装、科幻、架空等。
- 与其他类型 App 不同的是，游戏类 App 在制作流程中存在原画师一职，原画师负责游戏的原画：人物、角色、场景、特效等。

学习笔记

本章作业

1. 设计并制作棋牌类 App（麻将、比大小、老虎机等）界面，设计 App 首页，提供至少两个版本的视觉设计。

设计要求：尺寸按照实际手机尺寸制作。

目标定位：面向大众，避免低龄化的视觉设计。

2. 参照刀塔传奇界面设计不同题材的详情页。

设计要求：

（1）题材自选。

中国风：三国、西游、水浒。

战争题材：二战、枪械、战争。

（2）尺寸按照实际手机尺寸制作。

3. 设计并制作消除类 App 界面。

设计要求：

（1）尺寸按照实际手机尺寸制作。

（2）提供登录页和消除界面。

4. 绘制棋牌类 + 消除类游戏启动图标。

设计要求：

（1）凸现特征，展现创意。

（2）尺寸：1024*1024px。

（3）使用矢量软件或矢量图层进行设计。

作业讨论区

访问课工场UI/UE学院：kgc.cn/uiue（教材版块），欢迎在这里提交作业或提出问题，你将有机会跟课工场的专家以及共同学习本书的小伙伴一起探讨切磋！

第8章

南丰鼎轩项目——餐饮类Pad端App设计

● 本章目标

完成本章内容以后，您将：

- 了解餐饮类App设计理论。
- 掌握Pad端App设计的基础理论。
- 熟悉南丰鼎轩项目——餐饮类手机App设计。

● 本章素材下载

- 请访问课工场UI/UE学院：kgc.cn/uiue（教材版块）下载本章需要的案例素材。

本章简介

随着移动互联网的冲击，更多美食行业选择这一领域扩展自己的业务，而一些餐饮 App 更是多不胜数。餐饮 App 为用户提供了便捷服务，将分享、优惠的功能融合在一起，是将传统的餐饮行业转向新兴的智能移动行业的转折点。

本章将带领大家学习餐饮类 App 设计理论，了解设计规范，并结合实际制作完成餐饮类 Pad 端 App 界面。

8.1 南丰鼎轩项目——餐饮类 Pad 端 App 设计需求概述

移动互联网让人们的饮食消费决策变得更精准。饮食信息将以更低的成本便捷快速地传递给消费者。越来越多的餐饮巨头如麦当劳、肯德基、必胜客，除了满大街的连锁店铺、网站之外，也在拓展 App 市场，并通过电视、广播、报纸等传统媒体大力推广，越来越多的特色餐厅也摒弃传统的纸质菜单，打着环保、引领时尚的旗帜开始使用 Pad 进行点餐。餐饮 App 是将传统的餐饮行业转向新兴的智能移动行业的转折点。在此背景下，南丰鼎轩中餐厅也推出了 Pad 端的点餐系统。

8.1.1 项目名称

参考视频
南丰鼎轩项目——
Pad 端 App 设计
项目（1）

南丰鼎轩项目——餐饮类 Pad 端 App 设计

8.1.2 项目定位

（1）为南丰鼎轩中餐厅设计点餐系统的 Pad 端 App。

（2）Android 系统内部定制的 Pad 端点餐 App，仅限内部使用，不需要上线，不需要适配，不需要登录注册，效果如图 8.1 所示。

图 8.1　南丰鼎轩中餐厅 App 界面展示

8.2 餐饮类 App 设计理论

参考视频
南丰鼎轩项目——
Pad 端 App 设计
项目（2）

8.2.1 餐饮类App行业介绍

当今，每年拥有智能手机的人数都在迅猛增长，智能手机在逐步占据人们日常生活的点点滴滴。餐饮业作为大众性服务行业，对其用户人气的需求十分迫切，而数亿的智能手机用户基数则势必成为餐饮业掘金的“要地”，特别是消费能力和消费层次都更高的 App 用户更是餐饮业目标锁定的核心。越来越多的商家将 App 打造成自己的企业形象，从而替代传统的企业网站，树立良好的移动品牌。

8.2.2 餐饮类App的分类

餐饮类 App 大都可以分成菜谱厨房类、餐饮企业类、点餐打折优惠类等。

1. 菜谱厨房类 App

菜谱厨房类 App 提供各种美食的制作方法，并在第一时间分享它们。对于菜谱厨房类 App 而言，横向可以从食材、菜系、制作工艺、图片方面分类，纵向可以包括不同季节，针对不同人群（老人、儿童、妇女、孕妇），同时还可以按照不同功效（减肥、养生、保健、食疗）等专题进行分类。

2. 餐饮企业类 App

餐饮企业类 App 提供该餐饮企业的美食介绍、点餐、外卖、在线支付等功能，对于提升品牌价值和推广而言是非常不错的选择。

3. 点餐打折优惠类 App

点餐打折优惠类 App 提供附近商圈的美食位置和介绍，在不知道吃什么的情况下告诉你资深吃货们都在吃些什么，同时还提供打折券、团购价格等服务。

8.2.3 餐饮类App的常见功能

1. 完美大图展示

精美的菜品展示、优美的用餐环境，大大愉悦了广大美食爱好者的心理，第一时间收拢人心。

2. 提供快速便捷的支付

用户不必支付现金，使用 App 的支付功能可以轻轻松松一键支付，省时省力。

3. 提供搜索功能

餐饮类App可以提供更详尽的分类搜索和关键词搜索，用户可以通过搜索功能搜索到附近的美食和最新的打折信息。

4. 提供提前预定或外卖服务

提供提前预定功能可以让用户不必等座，不必排队，可享受外卖服务，还有打折优惠。

5. 提供分享展示

餐饮类App提供分享展示功能，让用户可以在第一时间分享美食。

6. 优惠消息推送

通过消息推送可以第一时间通知用户打折信息和促销活动，从而大大提高用户黏性。

8.2.4 餐饮类App的制作流程

一般来说，餐饮类企业并不设置产品设计部这个部门，所以并没有专职的产品经理、设计师和程序员，餐饮企业在餐饮类App的制作流程中一般都是“甲方”这个角色，提出需求的同时会对界面、技术和细节提出诸多的要求和建议。

设计师和产品经理需要整合餐饮企业提出的需求，对合理的部分给予肯定，对不合理的部分提出异议和修改意见，出现分歧或意见不统一的时候要友好协商。餐饮类App的制作流程如图8.2所示。

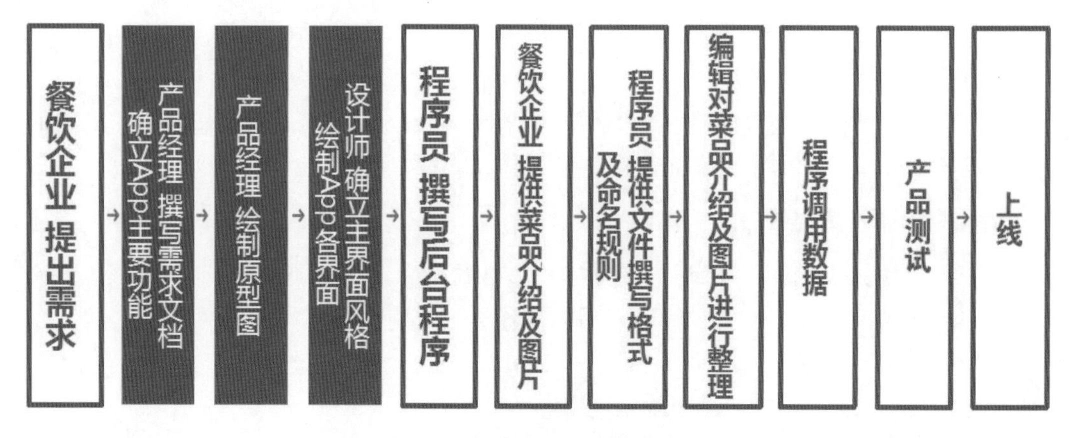

图8.2　餐饮类App制作流程

点餐类的App上线之后会有大量的菜品图片和文字介绍，所以需要提前对菜品进行拍摄，并且需要专门的编辑人员对这些材料进行归类、命名，对格式和规格加以修改。产品经理和设计师需要与餐饮企业提前协商这部分内容是由餐饮企业直接提供（有时菜品的拍摄图片可以直接从纸质印刷的菜单中获得）还是由产品部来重新进行拍摄和修改。

8.3 Pad 端 App 设计的基础理论

参考视频 南丰鼎轩项目——Pad 端 App 设计项目（3）

参考视频 南丰鼎轩项目——Pad 端 App 设计项目（4）

8.3.1 相关概念理论

Pad 泛指平板电脑，而 iPad 是指苹果平板电脑。本节主要以 Pad 的相关理论为主，iPad 的理论为辅。

1. Pad（平板电脑）

平板电脑（portable android device，Pad）是一种小型、方便携带的个人电脑，以触摸屏作为基本的输入设备。Pad 由比尔 • 盖茨提出。从微软提出的平板电脑概念来看，平板电脑就是一款无须翻盖、没有键盘但功能完整的 PC。

对于 Android 系统与 iOS 系统占据大部分智能终端的现象，Android 系统的平板电脑一般被人们称为 Pad。目前比较流行的 Android 平板电脑有：美国的英伟达、三星平板、小米平板等，如图 8.3 所示。

图 8.3　小米平板

2. iPad

iPad 是苹果公司于 2010 年开始发布的平板电脑系列，定位介于苹果的智能手机 iPhone 和笔记本电脑产品之间，与 iPhone 一样，提供浏览互联网、收发电子邮件、观看电子书、播放音频或视频、玩游戏等功能。iPad 系统是基于 ARM 架构的，不能做 PC，乔布斯也声称 iPad 不是平板电脑。

有人说 iPad 应该属于一种新的介于平板电脑与电脑之间的分类——手本（手本是专

为无线互联网设计的设备，脱离了以往平板电脑的概念）。可见，iPad 应该划入手本而不是平板电脑。不过人们还是习惯于将 iPad 归为平板电脑一类，如图 8.4 所示。

图 8.4　iPad

8.3.2　Pad端App界面的设计规范

1. 屏幕尺寸和方向

Pad 的布局尺寸是 1280*752px，Android 系统 Pad 上的内容可以在横向和纵向两个方向上查阅，横向模式更受人喜欢。iPad 的布局尺寸是 768*1024px，并且 iPad 将纵向显示方向作为它的默认查看方向。设计时如果需要同时设计 Android 和 iOS 两个系统的界面，可以使用 1024*768px 这个尺寸进行设计，也可以参考测试机尺寸。

2. 字体和字号

Android 系统 Pad 上最受欢迎的字体是 Droid sana fallback，它是谷歌自己的字体，与微软雅黑、方正兰亭黑体很像。设计文字大小时要保证识别度为第一要务。

Android 系统支持内嵌字体，所以如果是厂家定制的平板电脑，可以考虑内嵌一款符合产品需求的字体。在设计内嵌字体时，要考虑到文字的大小和系统的运行速度。

3. 按键

Android 系统的 Pad 一般会提供物理返回键，有时候也会将物理返回键内置，如图 8.5 和图 8.6 所示。

图 8.5　物理返回键

图 8.6　物理返回键内置

Android系统的平板电脑厂商良莠不齐，在软件、硬件、性能和服务上也没有统一的规范，再加上监管力度不够，在用户口碑上Pad并没有iPad那么好，但是Android是开源程序，开发成本较低，硬件设备也较iPad便宜，App审核相对较宽泛，个性化定制比较多，所以很多企业和个人也很喜欢Android系统的平板电脑。生产iOS系统iPad的只有苹果公司一个厂家，在标准化、软件、硬件、适配、用户体验和售后服务方面相对都比较专业，但是价格也比较昂贵。虽然两者之间有很多相似之处，但是设计师在设计之初还是应当熟悉两者之间的差异。

8.3.3　Pad端App的设计方法和用户体验

当把一个 App 产品从手机端或网页端扩展到 Pad 端时，请不要照搬直套。用户在不同的设备上使用同一个产品的时候，使用场景和方法是不同的，所以一定要针对用户在 Pad 上使用该 App 的场景和需求来设计产品功能和布局，风格上还是要与其他平台的产品保持统一，至少要看起来无论在哪种设备上用户使用的都是同一款产品。如图 8.7 所示为 PC 端、手机端、Pad 端的产品界面。

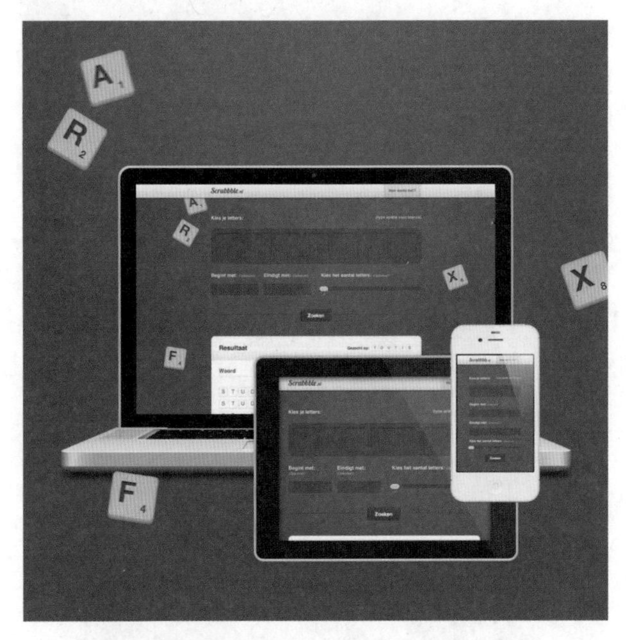

图 8.7　PC 端、手机端、Pad 端产品的界面

1. Pad 端 App 的设计方法和注意事项

（1）根据需求和使用场景设计产品功能和布局。

（2）人们在移动过程中偏向使用手机，在静止状态下更喜欢使用 Pad。

（3）风格要与手机端 App 统一。

（4）横屏使用 vs 竖屏使用：在各个方向上都要有很好的适配支持。iOS 系统审核时，同时提供双方向的 App 更容易通过。

2. Pad 端 App 的用户体验

（1）充分了解平板电脑的握持方式。

平板电脑的握持方式分为双手握持与单手握持。如图 8.8 和图 8.9 所示为当用户使用两只手或一只手进行 Pad 操作时容易触控的区域和很难够到的区域。

图 8.8　区域划分

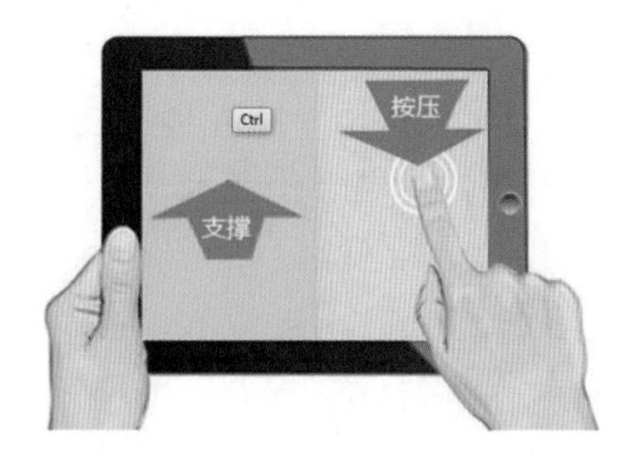

图 8.9　手势

（2）屏幕方向。

界面方向发生变化时，要避免重要区域和内容发生变化，否则用户很容易产生混乱和失控感。如果 App 只支持一个方向，那么请在第一时间明确地告诉用户，旋转屏幕至正确位置。避免使用控件改变屏幕方向。

（3）按钮和重要信息的摆放位置。

无论是双手还是单手握持 Pad，手掌会遮蔽一部分屏幕，不要将重要区域过小的放置在 Pad 边缘容易被遮住的区域。

8.4 南丰鼎轩项目——餐饮类手机 App 设计

8.4.1 南丰鼎轩企业及项目分析

南风鼎轩餐饮集团成立于 1977 年。公司成立以来秉承“诚实信用、求变创新、传承中华传统美食”的理念广纳人才、服务大众，在京城餐饮业中迅速崛起。伴随着餐饮行业竞争的不断加剧，公司秉承中华民族传统风格的同时，勇于接受新兴事物，决定摒弃传统纸质菜单，采用更加智能和方便的 Pad 点餐系统。

1. 项目设计需求分析

Android 系统内部定制的平板电脑点餐 App 仅限内部使用，不需要上线，不需要适配，不需要登录注册。

2. 目标用户

目标用户为餐饮服务人员和客人，所以需要同时提供餐饮服务人员入口和客人入口。

3. 界面风格

界面需要体现中餐厅特色，尽量采用中国风的传统元素。

4. 界面布局

界面布局简单，便于操作，用户使用无压力。

5. 主要功能

主要功能为点餐，部分原型图如图 8.10 至图 8.12 所示。

（1）主要分类：凉菜、热菜、海鲜、甜品、酒水饮料。

（2）菜品展示：名称、价格、主要配料。

（3）点餐购物车：桌号、总价、菜品名称、数量、提交订单。

（4）点餐完毕：订单提交成功标示、提交时间、菜品名称、制作时间、状态（已经上桌、制作中）。

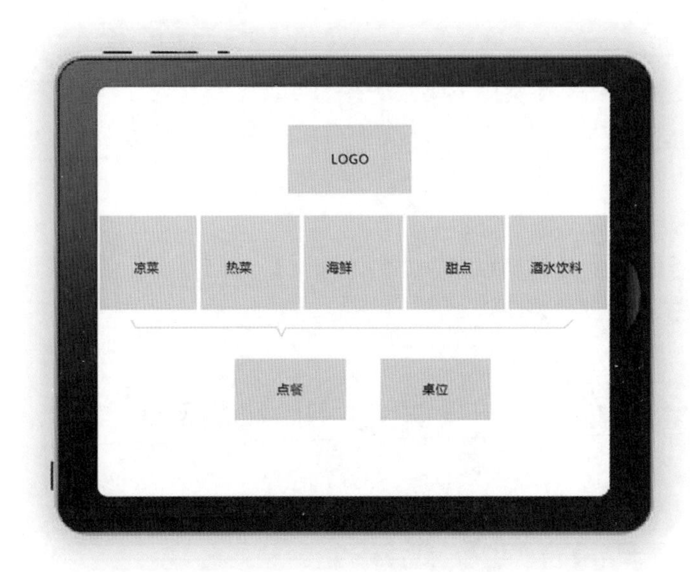

图 8.10 “点餐”界面原型图

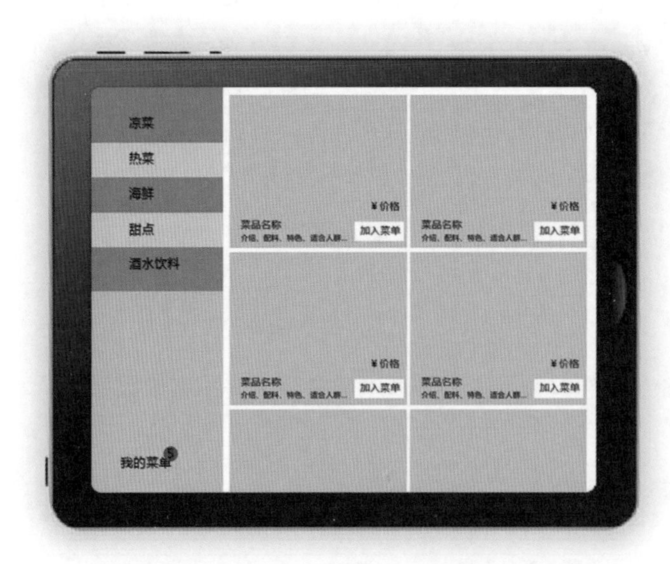

图 8.11 “我的菜单”界面原型图

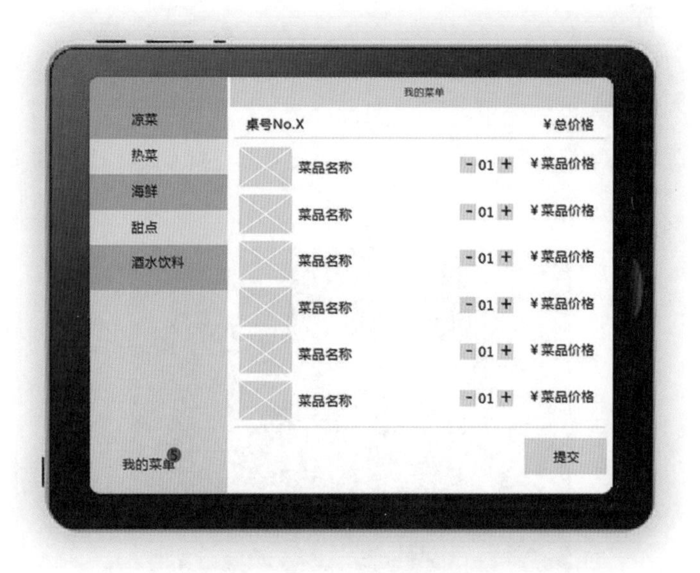

图 8.12 “提交”界面原型图

8.4.2 实战案例——南丰鼎轩点餐App开屏首页设计

1. 设计要求

（1）尺寸：1024*768px。

（2）分辨率：72dpi。

（3）以中国风青花瓷为主题进行设计，布局按照原型图来设计制作，如图 8.13 所示。

图 8.13 首页原型图

2. 案例重点解析

（1）合理选择素材图片对界面进行设计，并不是素材决定视觉风格，而是先确定视觉风格，然后再去选择符合相应要求的素材图片。

（2）当界面比较平铺直叙时，可以在大幅的颜色上增加纹理，让界面更细腻，如图 8.14 所示。

图 8.14　中国云纹素材

字体选择带有浓重中国色彩的隶书和毛笔字，与主题相映生辉，最终效果如图 8.15 所示。

图 8.15　南丰鼎轩点餐 App 开屏首页

3. 上机难点解析

*.asl（Style Custom）文件是 Photoshop 的样式文件。通过“窗口”→“样式”命令可以很方便地调用样式面板，图层面板中右上角的菜单可以很方便地对样式进行新建、存储、复位、载入等操作，如图 8.16 和图 8.17 所示。

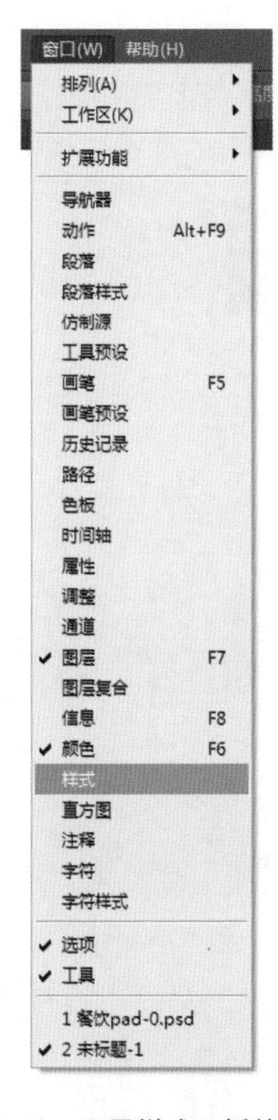

图 8.16　图层样式面板的调用

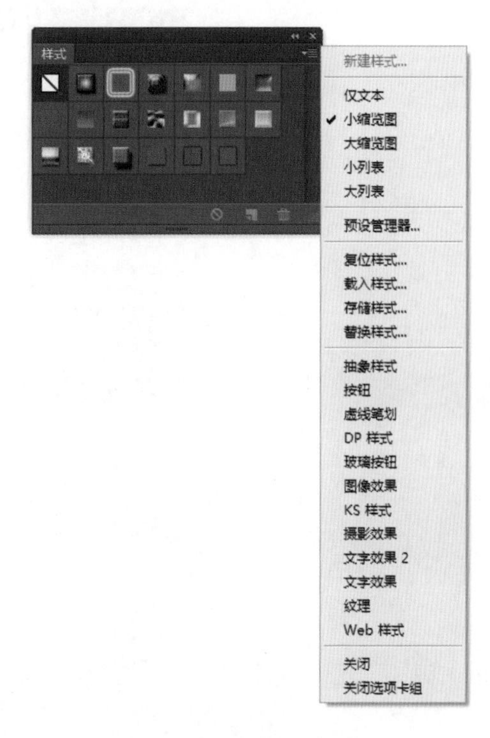

图 8.17　图层样式面板

通过“样式”面板可以对界面样式进行调整，方便快捷地达到想要的设计效果。而且，设计师可以从网上找到很多样式文件，可以下载也可以将自己调整好的图层样式直接存储在样式面板中，方便在以后的设计中应用。Photoshop 中默认的星云图层样式效果如图 8.18 所示。

图 8.18　样式效果

通过网络下载的图层样式在使用的时候往往会觉得效果没有提供的效果图好看，原因就在于图层样式的“大小”发生了缩放。在 Photoshop 中通过“图层”→“图层样式”→“缩放效果”命令，可以直接对图层样式进行缩放，如图 8.19 所示。

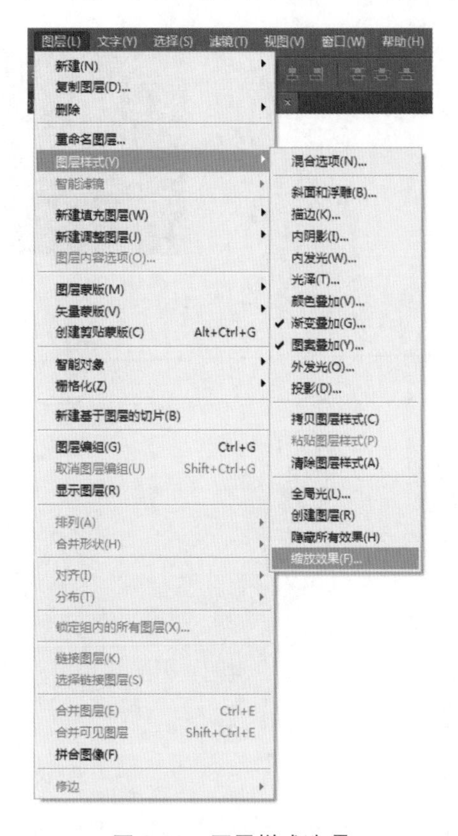

图 8.19　图层样式选项

对星云效果进行图层样式的缩放，将图层样式缩放到原来的 50%，效果如图 8.20 所示。

图 8.20　100%（左）与 50%（右）的星云效果

8.4.3　实战案例——南丰鼎轩点餐App点餐界面设计

1. 设计要求

（1）尺寸：1024*768px。

（2）分辨率：72dpi。

（3）布局按照原型图来设计制作，如图 8.21 所示。

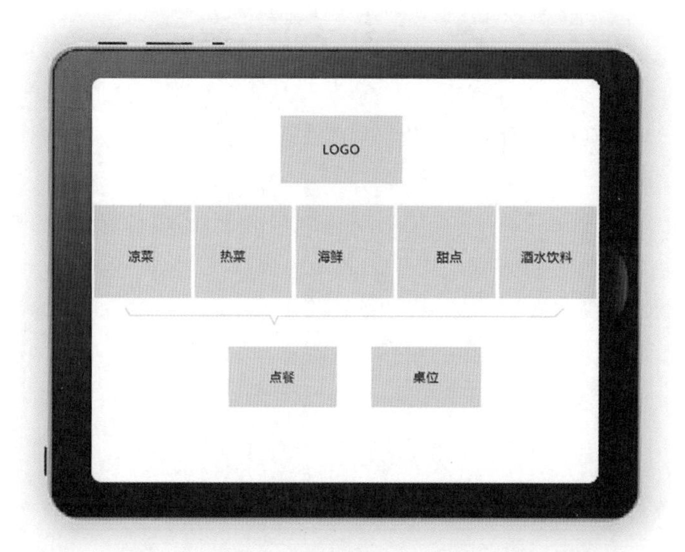

图 8.21　点餐界面原型图

2. 案例重点解析

（1）全屏的深蓝色会让人感到压抑和郁闷，所以整体采用上下结构，下方用米色平铺，增加细微的质感变化。

（2）菜品要选择具有代表性的招牌菜品，尽量选择光源统一、颜色比较鲜亮的图片。

（3）所有图标采用圆形。圆形是最稳定的图形，也是最能体现中国“和”文化的图形。文字和边框均增加传统的中国纹作为装饰，最终效果如图 8.22 所示。

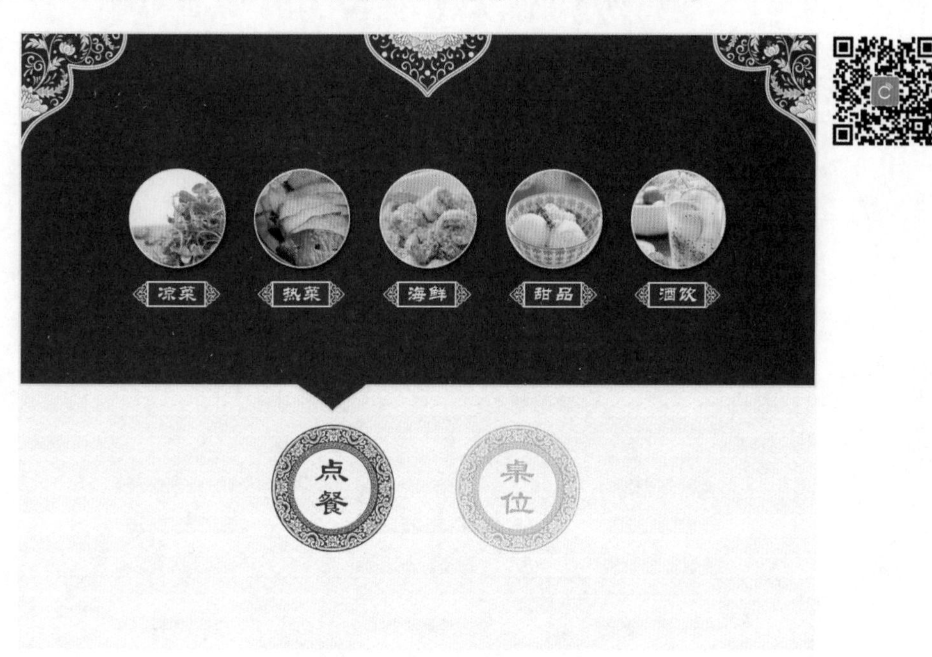

图 8.22　点餐界面

本章总结

- 平板电脑（portable android device，Pad）是一种小型、方便携带的个人电脑，以触摸屏作为基本的输入设备。
- Pad 的布局尺寸是 1280*752px，Android 系统 Pad 上的内容可以在横向和纵向两个方向上查阅，横向模式更受人喜欢。
- 在 Android 系统 Pad 上最受欢迎的字体是 Droid sana fallback，它是谷歌自己的字体，与微软雅黑、方正兰亭黑体很像。

学习笔记

本章作业

为某中高端咖啡厅设计 Pad 端点餐系统。

设计要求：

（1）设计尺寸为1024*768px，分辨率为72dpi。

（2）目标用户：主要面向白领中高层消费群体。

（3）原型图可以参考南丰鼎轩原型图。

（4）界面包括：首页、点餐界面、桌位选择页、菜品选择页、结账页面、菜品详情页。

作业讨论区

访问课工场UI/UE学院：kgc.cn/uiue（教材版块），欢迎在这里提交作业或提出问题，你将有机会跟课工场的专家以及共同学习本书的小伙伴一起探讨切磋！

移动端App设计——写在设计之后

本章目标

完成本章内容以后，您将：

- 了解规范的重要性。
- 了解规范并不是一成不变的，并掌握如何获取最新规范的渠道和方法。
- 掌握设计的流行趋势。
- 掌握从产品出发进行界面设计的方法。

本章素材下载

- 请访问课工场UI/UE学院：kgc.cn/uiue（教材版块）下载本章需要的案例素材。

本章简介

前几章中总结了大量手机端 App 界面的设计规范和设计技巧，本章主要强调在设计过程中规范的重要性和设计的注意事项，这些信息都是结合长期的 UI 设计经验与教学经验归纳得出的，希望大家在今后的设计工作中能更准确地理解和掌握相关的知识点与操作技巧。

9.1 规范的重要性

9.1.1 重要的规范

设计规范对于手机端 App 界面设计来说是至关重要的。无论是 iOS 系统还是 Android 系统，设计师都要熟悉两者在设计上的异同。

相较于 iOS 严格的系统规范，Android 的系统规范似乎更加宽松，也给了设计师更多的设计空间和更少的约束，那么是不是就可以说，单纯基于 Android 系统的界面设计可以忽略它的设计规范呢？答案是否定的。系统平台往往会提供给设计师一套默认的原生的设计规范，里面详尽地表达了它的设计要求和产品交互方式，这些都是经过大量的市场调研和用户测试数据得到的最符合该系统或该产品的结论，设计师遵从它就可以很轻松地设计出符合用户爱好和习惯的界面；如果完全不考虑这些，设计出来的界面在用户使用的时候往往不尽人意。如图 9.1 所示为对手机端界面设计规范并不熟悉的产品经理或设计师提供的一张关于烟店基本信息的原型图。

图 9.1　烟店基本信息的原型图

原型图在设计上似乎并没有什么太大的令人产生异议的地方，但是熟悉手机端 App 产品的设计师就会在第一时间产生疑问：联系方式和结算方式这一行似乎字符数量过多，在手机界面狭小的空间中根本就放不下这么多字符。应对烟店基本信息原型图进行修改，使其符合手机 App 界面的规范，如图 9.2 所示。

图 9.2　修改后的原型图

经验总结

①在界面上使用分栏是网页端布局经常用来进行数据分类和显示的方式，但是由于界面尺寸的限制，分栏在手机端 App 的界面布局中并不常见。设计师在设计界面的时候要充分考虑“临界状态”，要考虑当字符数量较多（地址、栏目名称、电话号码、证件号码等字符数量过多）时是在末尾使用“...”进行省略还是直接换行显示信息内容。

②无论是手机端还是网页端，对于可以点击且权重高的文字一般采用更改颜色或增加下划线的方式来表示。如图 9.3 所示，苹果官网“进一步了解”与“购买”这两个权重比较高且可以点击的文字使用了更改颜色的处理，当鼠标滑过时文字下方会出现下划线。

图 9.3　苹果官网的文字链接表现方式

在实际工作中，设计师往往会针对多平台多系统进行界面设计，深入了解各系统和平台之间的差异，了解规范的异同，在设计的时候才可以驾轻就熟，手到擒来。

9.1.2 变化着的设计规范

1. 规范并不是一成不变的

规范并不是一成不变的，随着系统的更新迭代，硬件上功能需求越来越多，设计规范也在悄然发生着变化。

iOS9 系统之前使用的中文字体一直是华文细黑，在 iOS9 系统发布之后，苹果公司使用了新的原创字体——苹方，苹方字体让文字在界面上的识别度更高、更清晰，这种字体更加纤细。两种字体在细节上的差异如图 9.4 所示。

华文细黑 无　　　苹方 无
华文细黑 锐利　　苹方 锐利
华文细黑 犀利　　苹方 犀利
华文细黑 浑厚　　苹方 浑厚
华文细黑 平滑　　苹方 平滑

图 9.4　华文细黑和苹方字体

虽然字体发生了变化，但是设计师并不需要把之前所有设计稿件中的文字全部更换为新的字体。默认字体是由程序自动调用的，设计师只需要在之后的设计中采用新的字体，而不需要将已经完成的项目或产品进行字体更改。

（1）了解系统原生默认视觉样式。

熟练使用原生 UI 元素和模式，从产品出发打造简单高效的交互界面。

（2）了解最新的硬件设备。

尤其是要了解新版本迭代之后硬件的最新功能。新的硬件功能和技术势必会带来新的交互方式、新的使用体验，甚至是新的商业模式。

（3）从原生 App 开始学习。

不要从单张的界面开始学习，而是要从成功上线的 App 开始学习。了解界面风格的同时，更要了解其交互方式和功能布局。

（4）保持一颗更新的心：所有的这些都已经过时了。

2. 获取最新设计规范的渠道

（1）苹果公司全球开发者大会（WWDC）。

苹果公司全球开发者大会（Worldwide Developers Conference，WWDC）每年定期由苹果公司在美国举办，大会的主要目的是让苹果公司向研发者们展示最新的软件和技术。在近几年的大会中，苹果公司通常会发布 Mac OS X 操作系统下一个版本的预览。在 2015 年的全球开发者大会上，苹果公司发布了 iOS 9、OS X 和 Watch OS 2 三大系统的更新，也带来了一个重大方向，就是以智能穿戴为中心的时代即将到来。WWDC 会议如图 9.5 所示。

图 9.5　WWDC 标志和苹果公司全球开发者大会

（2）谷歌 I/O 开发者大会（Google I/O）。

由 Google 举办的网络开发者年会，讨论的焦点是用 Google 和开放网络技术开发网络应用。谷歌 I/O 开发者大会于 2008 年 5 月首次举行，每年一次。Android 系统作为 Goolge 产品中的重要一员，在其有系统更新或产品迭代时大会中都会有详细的阐述和说明。谷歌 I/O 开发者大会如图 9.6 所示。

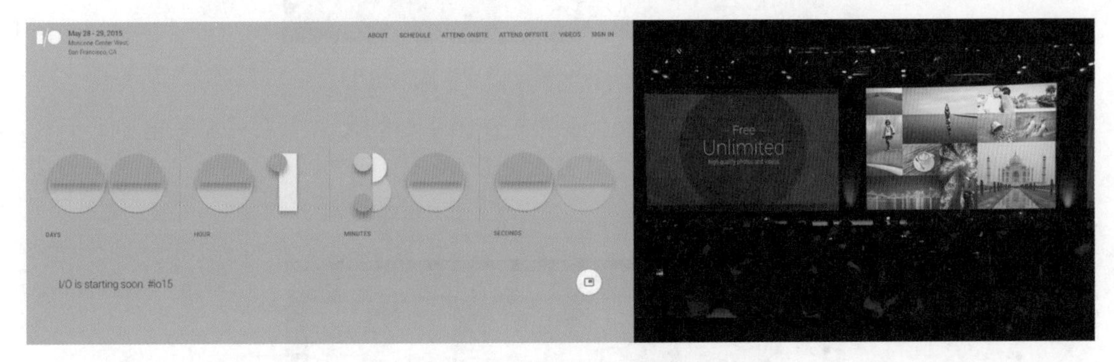

图 9.6　谷歌 I/O 开发者大会

（3）国内外知名设计网站。

国内外一些知名的设计网站也会对最新的设计规范进行跟踪报道。时刻关注并留意这些变化，在之后的界面设计上会有所帮助。

3. 了解规范才能打破规范

在拟物化风格设计大行其道的时候，“另类”的设计师悄然将扁平化的界面设计铺放在人们面前，这完全打破了常规的做法，让用户在有些手足无措的同时又感到了一丝新鲜感。规范也是这样，有些规范是可以去打破的，前提是你得知道规范是什么。

了解产品的运行方式，了解用户的诉求和使用方法，在布局、交互方式、界面视觉上才能更好地去迎合产品需求。当一个好的主意迸发出来的时候，它有时就很有可能是打破常规的。

9.2 设计的流行趋势

随着时代发展与社会变迁、人类认知提升与生活环境变化，视觉设计也不断发生着变化。设计师需要具备敏锐的洞察力和捕捉设计流行趋势的能力，充分消化和理解流行的设计元素，在视觉设计上才能紧跟时代潮流，设计出符合现代审美需求的作品。

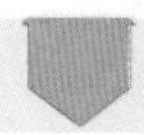

9.2.1 设计风格的发展与延展

从目前的发展历程来看，有点简久必繁、繁久必简的循环规律。早期由于硬件、软件、技术原因屏幕要求低，界面上大都采用的是极其简单的像素化设计，如图 9.7 所示。

图 9.7　由于硬件限制界面以像素风格为主

随着智能手机进入人们的生活，iPhone 率先使用了拟物化的界面视觉风格。人们对于新事物的接触仍处于学习阶段，模拟真实环境的拟物化界面风格能给用户带来更多的代入感和安全感，如图 9.8 所示。

图 9.8　ibooks 的书架几乎和真的一样

繁琐华丽的界面为功能让道，扁平化风格应运而生，随着智能终端的渗入，人们越来越习惯使用智能设备，产品设计上也越来越强调功能，界面为功能服务的理念深入人心。Windows 率先使用 Metro（美俏）风格，大面积色块突出显示功能，扁平化初露锋芒，如图 9.9 所示。

图 9.9　Windows 的 Metro 风格拉开了扁平化风格的序幕

大量忽略细节和质感的扁平化风格成为当下最流行的设计宠儿，便于与各终端适配，设计周期短，开发成本低，如图 9.10 所示。

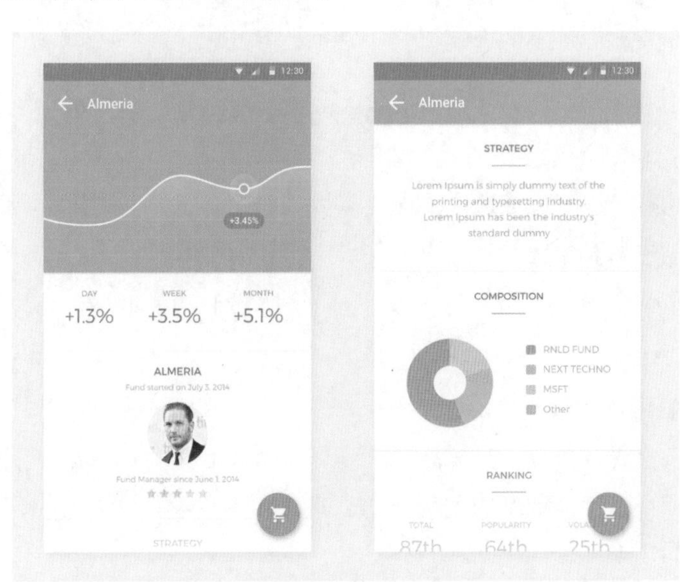

图 9.10　忽略细节的扁平化风格手机 App 界面

随着视网膜技术的发展，屏幕支持越来越多的细节，单纯极简主义的扁平化风格也慢慢延展出折纸、多边形、长阴影等风格，它们为扁平化带来了更多的细节与质感，如图 9.11 所示。

图 9.11　长阴影、折纸、多边形风格的手机 App 界面

由此可以看出，目前为止界面的视觉风格都是跟随着硬件技术的发展和产品用户的使用习惯而产生并发生变化的，如图 9.12 所示。

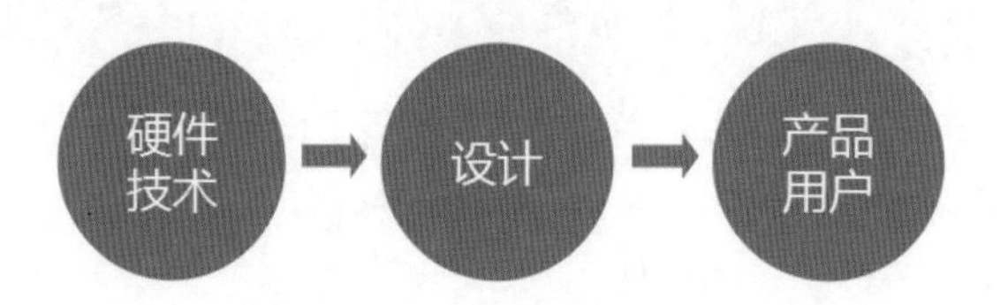

图 9.12　视觉风格的发展中硬件技术和产品用户是重要的影响因素

9.2.2　如何紧跟时代潮流掌握最新的设计流行趋势

设计师如何才能紧跟时代潮流，捕捉最新的流行趋势呢?

1. 浏览知名设计网站与博客

通过订阅知名设计网站或博客的公众平台，可以在第一时间收到最新的设计流行趋势与最新潮的软件应用技术。

2. 关注产品官网

除了关心设计相关站点外，一些不错的产品官网也是不容错过的。iOS 系统一直是引领设计风潮的风向标，关注苹果网站的风格、布局和细节对于创造出同等高大上风格的界面是不错的参考和借鉴。

3. 多关注同类设计产品的流行趋势

除了手机端界面之外，网页、出版、广告、服装等领域同样影响着整体的流行趋势，从其他领域中可以获得更新鲜、更有趣的设计理念和细节。

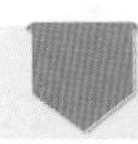

9.2.3　不盲目屈从流行趋势，视觉风格要从项目出发

了解和掌握时下最流行的设计趋势和风格是设计师的必备技能之一。界面的视觉风格吻合绝大部分用户的审美需求和喜好才能形成流行趋势和风格，但是这并不意味着所有产品的界面视觉风格都要屈从于当前流行的设计风格，界面上的视觉呈现还是要取决于产品的功能和主要用户的审美偏好。如图 9.13 所示，游戏类的官网或 App 界面很少采用扁平化风格，拟物化视觉中的材质和细节表现能使用户更好地融入游戏中。

图 9.13　拟物化游戏界面

9.3　从产品的角度看设计

界面设计师往往只关注界面上的细节刻画，而忽略了对产品整体的把握。单单只有一张好看的界面对产品来说是远远不够的，手机端 App 的界面设计与平面设计最大的区别就在于它存在与用户之间的交互。

1. 交互方式和用户体验的重要性

用户通过使用 App 达到某种目的，所以如何让用户更方便、更便捷地使用 App 是界面布局和视觉表达所承载的主要功能，如果用户在使用 App 的时候感到迷惑、困难、难以上手，那么即使界面再华丽再美观也只是一张漂亮的图片，并不能称之为优秀的 App 界面设计。

PC 产品、界面设计和网页设计，手机端 App 界面设计的大部分控件都是相同的：按钮、标签、导航栏、标签栏、下拉菜单、单选按钮、复选框、滑块、文字、图片等。同一款产品在不同平台上界面视觉表达的处理几乎是完全一样的，但这并不意味着设计师不需要考虑多平台下的视觉差异。用户在使用不同平台的产品时，所处的环境和使用的工具是不同的：用户在使用 PC 产品的时候使用的是鼠标，界面也更大，一般都处于安静的办公环境；用户在使用手机 App 的时候一般使用的是手指，大都处于动荡的移动环境，所以在为手机 App 设计界面时，界面的控件间距及按钮尺寸要更大，文字要更清晰，反馈要更明显。如图 9.14 和图 9.15 所示为美团 App 界面与其网页端产品截图。

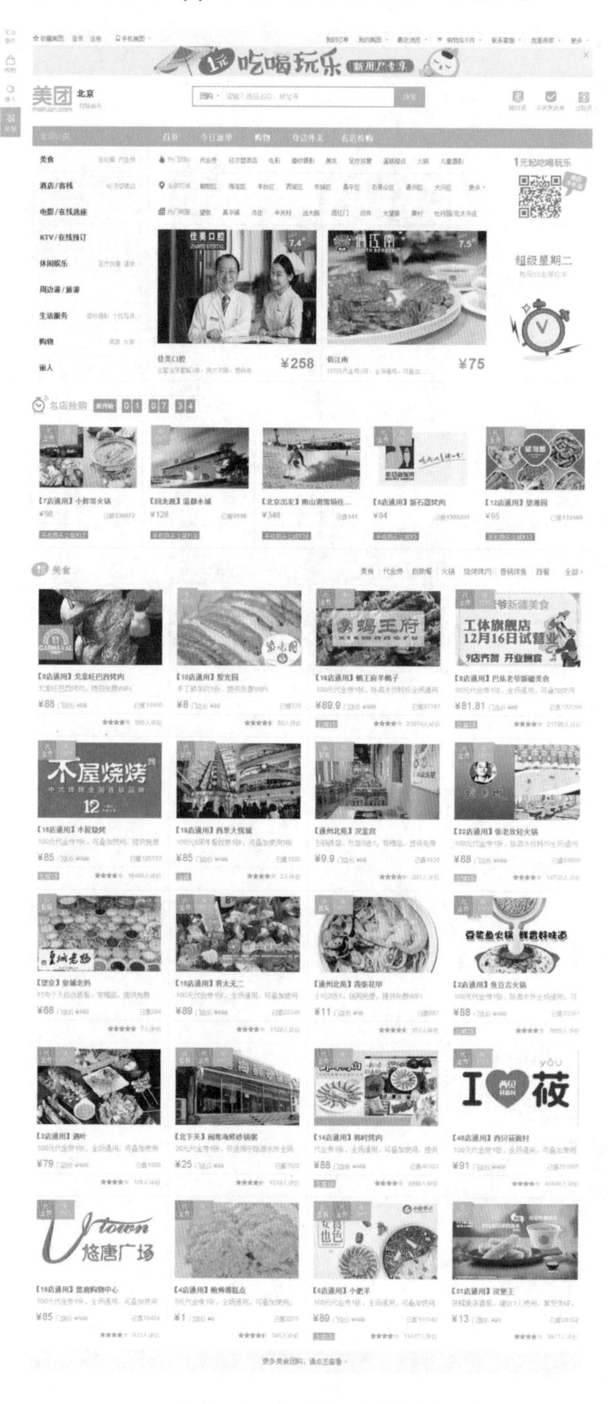

图 9.14　美团网页端截图

图 9.15　美团 App 界面

2. 产品的界面布局要与产品功能、硬件设备和用户的使用习惯相吻合

产品功能决定界面布局。家庭主妇在布置房间的时候，会把常用的东西放在桌子上面，把不常用的收纳到抽屉里。界面的布局也是如此：把用户常用的功能或产品主推的功能放在界面的明显位置，权重越大的功能入口要放在越明显越容易操作的部分；权重小的部件就可以收纳到一个按钮中，提供二级页面来进行详细描述；权重更小的部件和功能就可以考虑是否要删除它。

智能终端的硬件设备和用户的使用习惯决定界面布局。平面设计几乎不存在与用户之间的交互，手机端用户更习惯使用手指进行操作，网页端用户则要使用鼠标进行人机交互，智能电视需要使用以十字为模型的遥控器进行设计，车载智能电脑则需要在用户开车的时候只需通过快速扫视和右手来进行使用……虽然同一款产品在不同终端上的视觉风格要保持一致，但是由于硬件的显示方式和用户的使用习惯不同，界面布局上也存在着不小的差异。如图 9.16 所示，智能电视的界面布局与遥控器的十字操作息息相关。

图 9.16　智能电视的界面往往采用横平竖直的十字布局来表示

在实际工作中，产品开发进度、程序员的时间安排、功能模块实现的难易程度也是影响功能与布局的重要因素。

3. 产品的界面视觉风格要与产品主要用户群体的审美偏好相吻合

男性用户更喜欢稳重的颜色，更偏好蓝色系；女性用户更喜欢粉粉嫩嫩的暖色系；儿童更喜欢颜色鲜艳的色块；青少年更喜欢个性与张扬；生活在二次元的宅男们更喜欢萝莉；办公室里中规中矩的大叔们更喜欢政治和军事风格；小白领们更是紧追热点事件不放……

各式各样的人群在审美偏好上会存在这样那样的不同，所以在产品界面视觉设计上要考虑主要用户群体的审美偏好。如果专门为男性用户设计的 App 界面使用了 hello kitty 的粉红色可能就会让用户感到格外的不适应和迷惑，如图 9.17 所示。

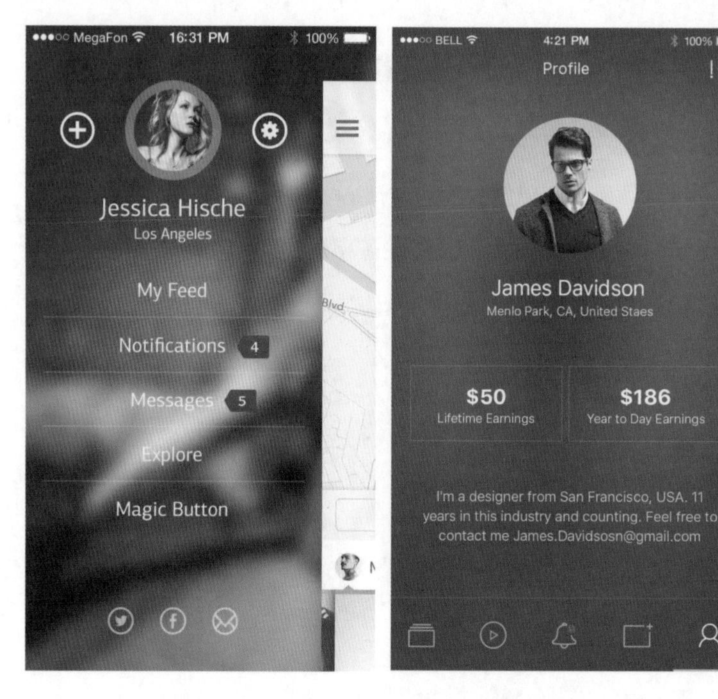

图 9.17　针对女性用户和男性用户的界面设计

本章总结

- 随着时代发展与社会变迁、人类认知提升与生活环境变化，视觉设计也不断发生着变化。设计师需要具备敏锐的洞察力和捕捉设计流行趋势的能力，充分消化和理解流行的设计元素，在视觉设计上才能紧跟时代潮流，设计出符合现代审美需求的作品。
- 紧跟时代潮流并掌握最新的设计流行趋势需要：①浏览知名设计网站与博客。②关注各大设计平台与高端设计产品官网；③多关注同类设计产品的流行趋势。
- 产品的界面布局要与产品功能、用户的使用习惯相吻合，界面视觉风格要与产品主要用户群体的审美偏好相吻合。
- 不盲目屈从流行趋势，视觉风格要从项目出发。

学习笔记